畅销多年的经典之作

手缝皮革

技法圣经

日本高桥创新出版工房　编著

日本Craft 社　审订

李连江　译

河南科学技术出版社

·郑州·

目录

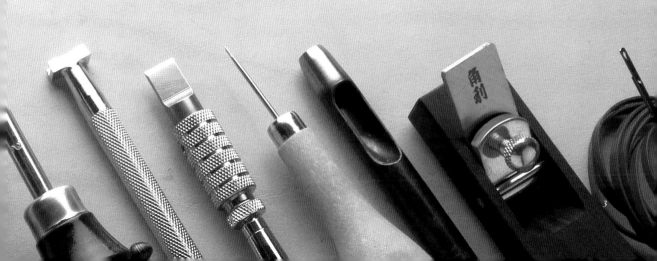

开始制作前需要知道的
关于皮革的基本知识

在动手做皮具之前，需要掌握皮革相关的各种知识，以加深对皮革这种原料的理解。

关于皮革

皮革原本是动物的皮肤，经过被称为鞣制工艺的防腐处理后，由动物的皮肤转变成我们所看到的皮革。根据加工处理工艺的不同，皮革大致分为两种：一种是通过植物单宁酸加工处理的皮革，另外一种是使用了三价铬鞣制的皮革。使用这两种工艺加工处理的皮革，拥有完全不同的特性。

经过单宁酸鞣制加工处理的皮革，不容易伸展，比较坚固。它具有独特的可塑性，因此更容易破损，但在使用过程中会逐渐和纹理融合。它的正面呈现肤色，具有接触阳光容易变色的特质。经过三价铬加工处理的皮革，质地非常柔软，由于弹性好，不易破损，其耐热性能也极佳。它的正面呈现灰色，多在染色后使用。

在充分理解并掌握了不同皮革的特性后，根据具体的作品来选择适合的皮革。

关于鞣制

单宁酸鞣制法，是把皮革放入单宁酸水槽内浸泡数月。三价铬鞣制法，是在旋转的大圆桶内放入鞣制剂，可以在短时间内鞣制好皮革。

皮革各部位名称和纤维走向

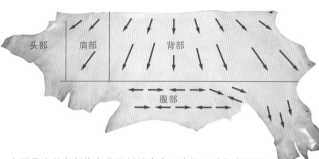

头部　肩部　背部　腹部

上面是皮革各部位名称及纤维走向示意图。动物皮革的纤维走向并不是一致的，不同的部位，其纤维走向也不同。如图所示，与箭头一致的方向，皮革的延展性较差（不易拉伸），而与箭头垂直的方向，皮革则具有较好的延展性。当我们在选料裁切时，应充分考虑皮革的这一特性。

皮革的单位

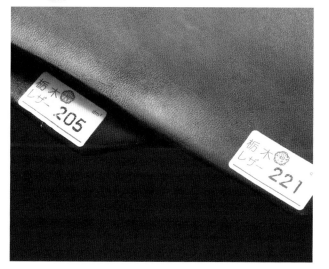

皮革以ds作为计量单位，1ds=10cm×10cm。在出售皮革的材料店中，一般都以1ds作为计价标准。

皮革的透染

皮革有各种各样的颜色，这里所展示的就是鞣制后染色的皮革。上图中的两块皮革，上面的皮革使用的是透染技法。从皮革的切口切出，透染后的皮革，颜色深入皮质内部，切口的颜色与皮面的颜色是一致的。

皮革的厚度

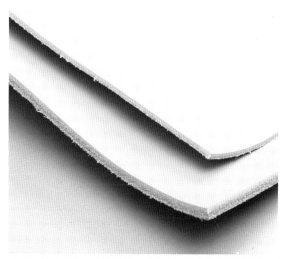

在皮革材料店中，即使是同一种皮革，也会有各种不同的厚度可供选择。我们可以根据使用场合，选择所需要的厚度。不同的皮革虽然略有差异，但它们的厚度基本上是从0.5mm开始递增的。

皮革色彩的变化

上图所展示的是使用完全相同的皮革制作的作品。使用单宁酸鞣制的皮革，在日常使用过程中，由于日照等外界因素，会使皮革的色彩产生变化，使用的时间越长，所呈现出的颜色越深，因此给人一种厚重感。

皮革选料时的注意事项

选择皮革是极富乐趣的事情，但同时也会让我们产生各种烦恼。皮革的种类非常丰富，在皮革材料店，我们可以看到各种类型的皮革。由于种类丰富，常常使我们在选料时犹豫不决。有一点我们需要知道：出售的皮革都是可以使用的，没有不能用的皮革。我们需要考虑不同皮革的特性差异、可操作性以及在制作过程中技法的特点和成品的用途等各方面的因素，来选取合适的材料。例如，当我们在制作需要有较强支撑力的卡包时，如果选择用单宁酸鞣制的皮革，就可以直接使用。但如

果是柔软的三价铬鞣制的皮革，就需要加入衬革，让皮革拥有一定的硬度之后才可以使用。即便是制作相同的物品，由于皮革的特性差异，在制作过程中，我们也需要采取不同的技法工艺。对皮革的技法工艺产生影响的主要因素有三大方面：1.硬度。2.厚度。3.鞣制工艺。皮革正面的整体感觉（颜色、润饰、触感、外观）不会直接影响缝制技法，选择自己喜欢的即可。只要我们拥有扎实的技术，无论什么样的皮革，都能制作出完美的作品。

■ 适合手缝和皮线锁边的皮革

使用手缝和皮线锁边技法完成作品的时候，相对于比较柔软的皮革来讲，有一定硬度的皮革更容易操作。但是，在制作提包类的袋状作品时，柔软的皮革更容易操作。尽可能地在脑海中描绘出成品的印象，然后在兼顾皮革自身的特性和缝制技法的基础上，选择适合的皮革。

马鞍皮

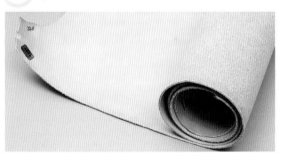

这是用单宁酸鞣制后将正面打磨出光泽的坚硬皮革。由于未使用润饰剂，充分彰显出了材质天然的质感，而且使用得越久越有质感。

油牛皮

这是使用单宁酸鞣制的皮革。虽然光泽比较内敛，但是和马鞍皮一样，越用越有味道。日常使用中对皮革表面的摩擦可以增强其质感。

大皱纹皮

这是经过搓揉加工而拥有柔软性的单宁酸鞣制皮革，特征是拥有带着透明感的色泽和充满野性的皱纹。皱纹的形状会因原皮的状态和使用的部位而有所不同。

铬鞣皮

这是亚光的铬鞣皮革，有50种以上丰富的颜色。它是一种手感柔软、有特色的皮革，价格也很亲民。

麋鹿皮

麋鹿是一种生活在加拿大等地的大型鹿，它的皮比一般的鹿皮厚，适合做皱纹加工。这是一种具备鹿皮特有的柔软性和融合纹理感觉的铬鞣皮革。

光面油牛皮

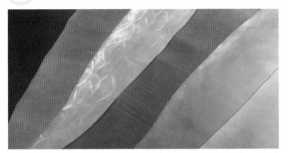

这是单宁酸和铬混合鞣制的亚光油质皮革。手感柔软，同时拥有一定的硬度，特征是正面触感顺滑。

■ 适合染色的皮革

基本上，只要是没有经过润饰（涂层）处理的皮革，就可以实施染色。另外，染过色的皮革，很难再染成其他颜色。原色皮革想要容易染色且呈现出鲜艳的颜色，要具备以下条件：①颜色淡。②容易吸收水分。③皮革含油量小。原色皮革满足上述三个条件的话，可以认为是适合染色的皮革。

单蜡皮

这是一种单宁酸鞣制的蜡染用皮革。因为颜色发白，所以染料的发色效果非常出色，能够细腻地表现出淡淡的颜色。除了染色之外，也适合皮雕工艺。

SC 雕刻皮

考虑到染色时的着色情况，制成了偏白色的皮革，它非常适合染色。同时，它也适用于皮雕工艺。

■适合皮雕工艺的皮革

使用单宁酸鞣制工艺处理的素面皮革非常适合打印花、雕花技法。这种皮革的特点主要有三个：1. 容易吸收水分。2. 皮革中油脂含量极少。3. 皮革纤维结构紧密。与染色相似，能清晰地展现出图案效果。

打印花专用皮革

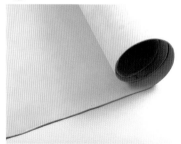

对于打印花工艺，这种素面皮革图案成像性好，极少收缩，呈现褐色底色。

牛皮革

与一般手工艺用的皮革相比，这种皮革具有天然的米色。因未经加工处理，在润饰之前没有光泽。

制作皮具所使用的油脂

对于皮革来讲，油脂是必不可少的。皮革在鞣制加工的过程中也使用了大量的油脂，目的是保持皮革的顺滑柔软。当油脂充分渗透到皮革纤维的内部时，纤维之间才能保持光滑，使皮革呈现出柔韧、顺滑的特性。随着时间的流逝，这些油脂会慢慢从皮革的内部渗透出来，因此针对皮革制品，我们必须要定期进行油分的补给等保养工作。当油分缺失时，皮革会变硬，甚至出现裂痕。

前面说过，皮革鞣制加工过程中已经加入了大量的油脂，因此在作品完成后，不需要再对皮革进行油分的补给工作（但是如果在制作过程中使用了水，由于水的蒸发会带走皮革中的油脂，这时需要补充油脂）。适量的油脂，不仅使皮革保持了柔软的特性，同时也使触摸时更加有质感，色彩更具魅力。

在这里，我们介绍三种不同特性的油脂。油脂在皮革正面涂抹之后，会出现斑纹，但几十分钟后，油脂即可充分渗入皮革的内部。需要注意的是，不要过量涂抹。

成品的不同表现

最左边的是未添加油脂的皮革，中间的是使用了皮革蜡的皮革，右边的是使用了牛脚油的皮革。由于油脂的使用情况不同，成品表现出较大的差异。

■ 牛脚油

这是一种从牛脚骨中提炼的油脂，非常适合单宁酸鞣制的皮革。它具备液体特有的高渗透性和润滑效果，适用于各种皮革。另外，这种油脂遇到日光会逐渐变成琥珀色，如果用在单宁酸鞣制的原色皮革上，会促进皮革变成日晒的颜色。

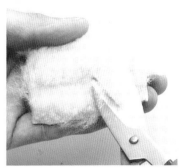

100%牛脚油
这是日本Craft社生产的100%牛脚油。

1 把羊毛片上的羊毛修剪成1cm左右的长度。如果羊毛过长，会导致含油量过多。

2 这是修剪后的羊毛片。尽可能地把羊毛修剪整齐。

3 让羊毛片充分吸收油脂，达到不滴油的程度。

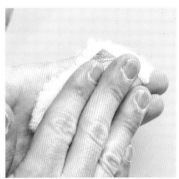

4 搓揉羊毛片，让油脂充分融合。

5 用饱含油脂的羊毛片轻轻地涂抹作品的正面。

6 在涂抹的时候，注意作品内部的皮革正面也要均匀地涂抹。

7 涂抹完牛脚油后，颜色变深。放置一段时间后，油脂会渗透到皮革内部，涂抹的斑纹也会逐渐消失。

■ 皮革蜡

单宁酸鞣制的皮革和铬鞣制的皮革均可使用皮革蜡。皮革蜡的主要成分是蜡和油脂，在添加油脂的同时，蜡质起到防水和防污作用。可以当作保养皮革的油料，也可以当作润饰剂。

皮革蜡
除了保护皮革、增加光泽之外，还具有防污作用。

1 把皮革蜡充分摇匀，倒在棉布上。注意不要过量。

2 用充分渗透了皮革蜡的棉布，轻轻地擦拭皮革的正面。

3 因为有防污的作用，所以每一个角落都要擦到。

4 颜色不如涂牛脚油的效果，但光泽要比涂牛脚油的效果好。

■ 马油保护剂

这是用马油做成的一种保护剂，特征是具有超强的渗透力。单宁酸鞣制的皮革自不必说，对于已经上色或润饰的铬鞣皮革也有极好的润滑效果。另外，由于是无色的膏状，对皮革颜色的影响相对较小，比较适合染色后使用。

马油保护剂
这是使用100%马油做成的皮革保护剂，在常温状态下呈膏状。

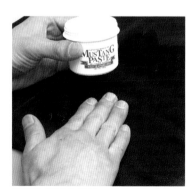

用手取适量的马油，轻轻地涂抹在皮革上，注意不要涂抹过量。

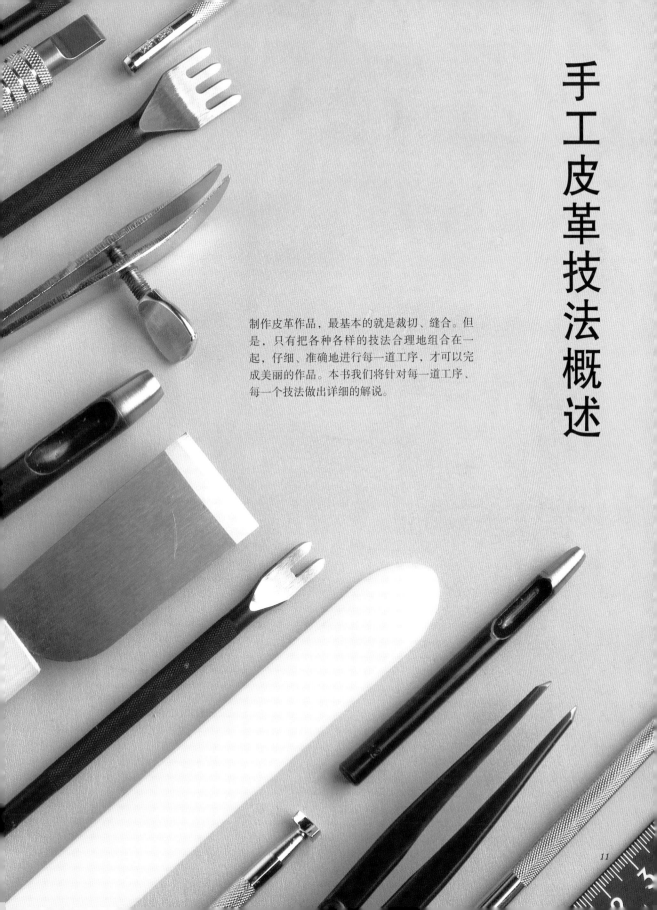

手工皮革技法概述

制作皮革作品，最基本的就是裁切、缝合。但是，只有把各种各样的技法合理地组合在一起，仔细、准确地进行每一道工序，才可以完成美丽的作品。本书我们将针对每一道工序、每一个技法做出详细的解说。

手工皮革制作有着各种各样的工序，使用的技法也各不相同。即使是进行相同的操作，使用的工具不同，操作方法也存在差异。这些操作方法即使有细微的不同，成品也会显现出差别，况且每个作者都有自己独特的制作手法。但是，这些所有的技法，无一例外都有一定的规则，在此基础上，每个作者用独特的技法创作，这才是手工皮革的真正乐趣。

如果把手工皮革制作的步骤进行大致划分，可以分为裁切、粘贴、缝合、打磨四个主要步骤。然后再把各自的工序进一步细分，这就是下面所要介绍的内容。本书以在手工皮革方面一直处于行业领先地位的日本Craft学园的指导方法为基础，逐一介绍各种各样的手工皮革技法。单单裁切这个技法，我们通过本书就会知道，它有各种各样的表现技巧。根据需要，可以区分使用。

虽然说，无论用什么方法，最终完成漂亮的作品就可以，这是有关手工皮革的共识。但是，按照基本规则做出的作品，和不按规则做出的作品之间还是存在差异的。希望大家熟读本书，了解手工皮革的基本技法。

裁切皮革

在裁切皮革时，要先制作纸型，再把纸型描绘在皮革上。另外，削薄皮革也是一个操作环节。

粘贴皮革

粘贴皮革是缝制之前的一项准备工作，它对作品的完成起到很大的作用。另外，胶水的涂抹情况还会影响到边缘的处理。

缝合皮革

缝合皮革的基本针法是平针缝，在起点、终点以及有高低差的部分需要运用一些技巧。把线缝得漂亮是关键。

打磨皮革

打磨皮革主要指的是打磨边缘和床面。特别是边缘的打磨，直接决定成品的质感。

制作纸型

纸型可以说是手工皮革作品的生命。纸型是作品设计的直观呈现。纸型的形状、尺寸等稍微有偏差，就无法完成完美的作品。如果制作出标准的纸型，可以循环使用多次。下面介绍标准的纸型的制作方法，请牢牢掌握。

制作标准的纸型

制作纸型是手工皮革制作中最先进行并且最为重要的环节。自己制作原创的纸型固然有一定的难度，但即使从纸型集里选择形状，如果不能规范地制作出纸型，也完成不了像样的作品。另外，如果事先用纸型尝试组合一下，就可以防止在实际裁切皮革之后出现尺寸不合的现象。从这个意义上来讲，制作出漂亮的纸型，在手工皮革制作上具有重要的意义。

纸型的制作，从单纯的意义上讲，只是把描绘在纸上的图案裁切下来。但是，有没有意识到制作时的要领，会大大影响纸型的制作效果，进而影响着成品效果。在这里，我们通过介绍制作纸型所用的工具来介绍制作标准的纸型的技巧。希望大家从制作标准的纸型开始，多多练习手工皮革制作。

在厚纸板上粘贴图案

如果不先制作出标准的纸型，会很难制作出理想的作品。像复印纸那样的薄纸，是不能很好地把图案描绘在皮革上的，所以把复印在薄纸上的图案粘贴在厚纸板上裁切出纸型，是人们经常采用的做法。在裁切粘贴在厚纸板上的图案时，需要使用替刃式裁刀等工具裁切出漂亮的切口。制作漂亮的纸型，是完成漂亮的皮革作品的基础。

纸型使用的图案是复印出来的，使用乳胶将其与厚纸板粘贴在一起。

■ 在薄纸上取图案的中心点

如果图案上没有标记中心点，通过实际测量找出中心点。

1 测量出中心点，并做出标记。如果不确定中心点的话，在组合部件的时候，会出现偏差。

2 已标记好中心点的图案。

■ 在厚纸板上粘贴薄纸

标记出中心点之后，使用乳胶把图案粘贴在厚纸板上。

1 厚纸板最好使用工作用纸，这里使用的是日本Craft社生产的厚纸板。这种厚纸板最适合做纸型。

如果使用胶水的话，水会渗透到纸的内部，造成厚纸板伸展或收缩。乳胶含水量低，不容易造成纸张的伸展或收缩，所以比较适合粘贴纸张。在薄纸背面涂上薄薄的乳胶。

2

在厚纸板上也涂上薄薄的乳胶。如果乳胶涂抹过量的话，会出现起皱收缩的现象，所以要注意乳胶的使用量。

3

检查

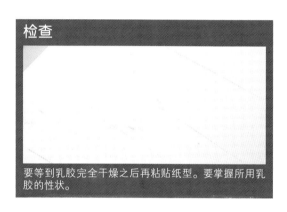

要等到乳胶完全干燥之后再粘贴纸型。要掌握所用乳胶的性状。

待乳胶干燥后，把薄纸和厚纸板粘贴在一起。由于无法返工，所以一定要事先确定好位置。

4

把薄纸和厚纸板粘好后，使用玻璃板刮压。用力过度的话，会把薄纸刮破，所以把握力度很重要。

5

沿着粘贴好的图案切割

将厚纸板上粘贴好的图案切割下来，使用的工具是替刃式裁刀或美工刀，不要使用剪刀。因为要沿着纸型在皮革上描绘图案，所以要尽可能地把断面切割得平滑些。如果使用剪刀裁剪的话，很容易出现歪扭的情况；使用替刃式裁刀或美工刀，则非常容易使断面干净平整。在切割长的直线时，为避免出现弯曲，应使用尺子辅助。

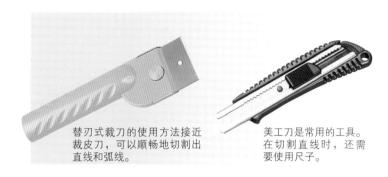

替刃式裁刀的使用方法接近裁皮刀，可以顺畅地切割出直线和弧线。

美工刀是常用的工具。在切割直线时，还需要使用尺子。

■ 替刃式裁刀的使用方法

切割纸型时最适合使用替刃式裁刀。下面介绍基本的使用方法。

握住刀柄，向自己的方向切割。操作的时候，下面要铺好塑料板。

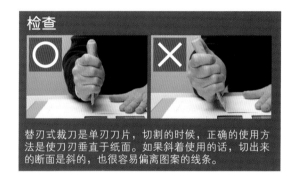

检查

替刃式裁刀是单刃刀片，切割的时候，正确的使用方法是使刀刃垂直于纸面。如果斜着使用的话，切出来的断面是斜的，也很容易偏离图案的线条。

■ 使用替刃式裁刀切割直线

首先切割最基本的直线。大面积地使用刀刃是要点。

把刀刃贴在想要切割的线条上，尽可能地让刀刃多切入纸内，便于切出稳定的直线。

1

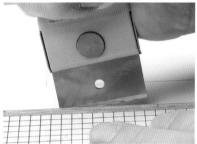

如果使用尺子辅助的话，能够准确地切出直线。注意不要让刀刃切到尺子。

2

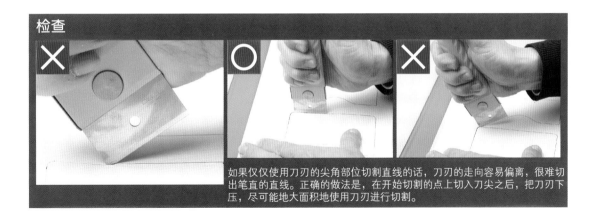

检查

如果仅仅使用刀刃的尖角部位切割直线的话，刀刃的走向容易偏离，很难切出笔直的直线。正确的做法是，在开始切割的点上切入刀尖之后，把刀刃下压，尽可能地大面积地使用刀刃进行切割。

■ 使用替刃式裁刀切割弧线

弧线的部分和直线正好相反，以刀刃立起来的状态切割。

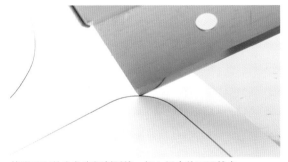

使用刀刃的尖角来切割弧线。切入纸内的刀刃越少，越能切割出漂亮的弧线。

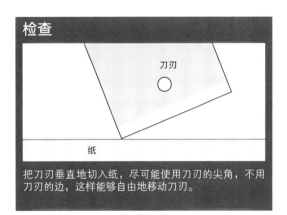

检查

刀刃

纸

把刀刃垂直地切入纸，尽可能使用刀刃的尖角，不用刀刃的边，这样能够自由地移动刀刃。

切割小角度的弧线

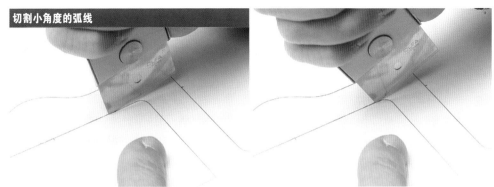

从直线渐渐变成弧线的时候，逐渐抬起刀刃，使刀刃和纸的接触面越来越小。

1

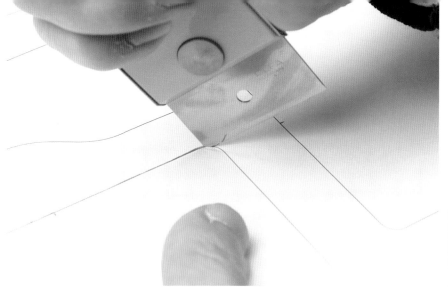

拐角处使用刀刃的尖角来切割。在切割拐角的时候，不要转动刀，要通过转动纸张切割出平滑的拐角。

2

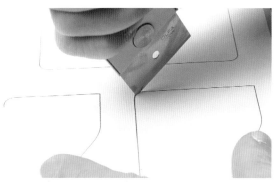

3 一边旋转纸张一边切出拐角，然后继续切割接下来的直线。一旦停刀的话，有可能出现高低差，所以尽量不要停刀。

4 拐角部分切割完之后，一点一点地放下刀刃，尽可能增加刀刃的切入面来切割直线。

检查

如果不能熟练使用替刃式裁刀，切割弧线时不能让刀刃稳定的话，可以用手扶着。

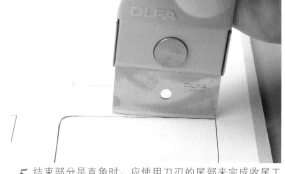

5 结束部分是直角时，应使用刀刃的尾部来完成收尾工作。要注意在收尾的时候，一定要让刀刃的末端正好停在直角上。

切割平缓的弧线

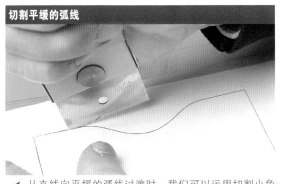

1 从直线向平缓的弧线过渡时，我们可以运用切割小角度弧线的技巧，将刀刃立起来，注意不要过度。如果过度地立起刀刃的话，有可能会偏离线条。

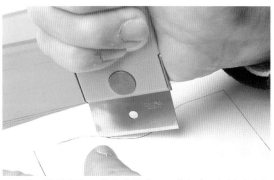

2 找到能够顺畅且稳定地推进刀刃的角度，保持这个角度进行切割。注意在途中不要停止。

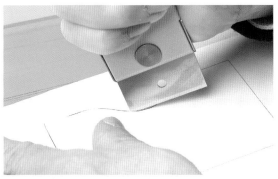

3 在弧线转向的时候，线条会被刀刃挡住而看不到，注意不要让刀刃偏离线条。另外，注意把握刀刃的角度。

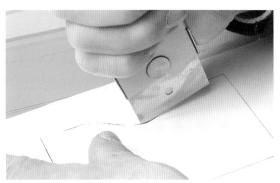

4 如果不以稳定的状态推进的话，刀刃角度改变的部分，会出现高低差。

5 接下来将刀刃转向，切割出对称方向的弧线。在这里也需要注意刀刃的角度。因为这个弧线和直线相连接，后面要把刀刃放下切割直线部分。

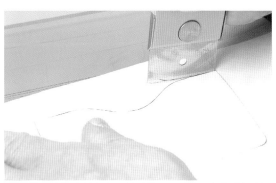

6 最后的部分是直角，所以使用刀刃的尾部完成切割。注意不要偏离线条。

■检查切割好的纸型

确认作品所需要的部件是否齐全，是否是自己所需要的尺寸。

把切割好的纸型从整张厚纸板上取下。因为要沿着纸型的边缘将图案描绘在皮革上，因此要检查边缘是否平整。然后，把切割好的纸型，尝试着组装一下，看看是否存在缺件或者大小不符的情况。

■美工刀的使用方法

美工刀不如替刃式裁刀稳定，在使用时需要注意。

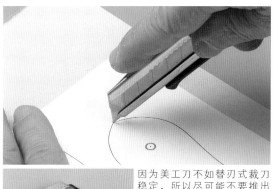

因为美工刀不如替刃式裁刀稳定，所以尽可能不要推出过多刀刃。最好像图中一样，推出一小段使用。美工刀不能大面积地使用刀刃，比较适合使用刀尖切割拐角部分。

检查

✕

美工刀的刀刃，如果推出过多的话，由于刀片有弹性，会导致不稳定，需要注意。

由于美工刀不能大面积地使用刀刃，所以在切割直线的时候，有必要使用尺子辅助。

■ 在中心点和安装位置上使用圆锥打孔

在中心点和部件的组合位置用圆锥打孔。

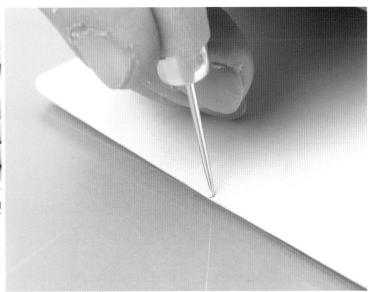

使用圆锥在标记的中心点和组合位置打孔。需要注意的是，如果打孔位置偏移的话，组合位置就会偏移。因为没有必要打很大的孔，用圆锥的尖轻轻地扎一下即可。

放大打孔的地方。注意离边缘大约0.5mm的距离。

完成后的纸型。在把纸型描绘到皮革上之前，再一次重新组装，确认是否有尺寸不合适等情况。因为一旦裁切，发现问题也无法更改，所以应制作出尺寸标准的纸型。

河南科学技术出版社
精品图书推荐

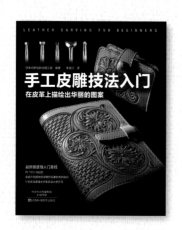

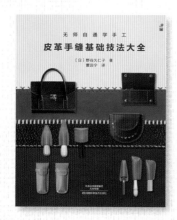

描绘图案

把纸型描绘在皮革上，是拿到皮革后的第一项工作。这项工作，看起来是单纯地把纸型的外形描绘在皮革上，实质上要考虑皮革的上下位置、弯曲方向以及使用的部位，根据这些来确定描绘图案的位置。在描绘图案的时候，有必要充分了解皮革的材质，考虑其使用方法。

把纸型描绘在皮革上

把用厚纸板做成的纸型描绘在皮革上，称为描绘图案。因为是在待裁切的皮革上描绘，所以必须细心操作。如果出现失误的话，就会损伤皮革，这样的话，皮革基本上不能再使用了。皮革上原本存在的伤痕或者烙印，如果不是刻意要使用的话，必须避开。

另外，在描绘图案之前，要确认皮革的走向、弯曲方向和延展方向。如果不考虑这些因素，直接在皮革上描绘图案的话，会在使用感觉和耐久性方面出现问题。

单宁酸鞣制的皮革，要使用圆锥、铁笔之类的工具描绘纸型。铬鞣制的皮革及鹿皮等柔软的皮革，则使用银笔描绘。应根据皮革的种类使用适合的工具。

选择皮革

在皮革上描绘纸型之前，要仔细观察皮革。因为皮革具有延展性和方向性，所以使用的部位不同，延展程度和弯曲程度会有所变化。如果不能很好地在把握这些属性的基础上选择皮革，做成的作品会出现变形、不好用的情况。另外，动物背部的皮质纤维细腻，腹部的皮质纤维较粗。如果事先了解这些，可以更好地完成作品。

■分清楚皮革的上下

皮革有上部和下部之分，要能够分清楚。

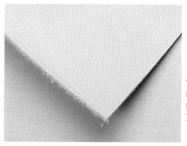

像左图这样有毛茬的切口是背部切割的部分，是整张皮革的上部。

1

这是相同皮革的不同部位的床面。上方的皮革纹理细腻，是背部；下方则是腹部。

2

■ 确认皮革的走向

皮革的走向就是皮革的弯曲方向，折一下就可以知道。

单宁酸鞣制的皮革，折一下就可以知道皮革的走向。

左侧的图是不容易弯曲的方向，右侧的图是容易弯曲的方向。是否容易弯曲，感觉完全不同。应在把握弯曲方向的基础上来选择皮革。

在皮革上描绘纸型

把纸型放在皮革上，描绘图案。一般是把纸型放在皮革的正面，使用圆锥或铁笔，沿着纸型的边缘描绘。在确认了皮革的走向之后，把纸型放在皮革上，为了不浪费皮革，要摆放得紧密一些。但是，考虑到不熟练时描绘失败的可能性，为方便描绘完之后裁切部件，可以留适当的空隙。另外，在描绘图案时，为避免圆锥或铁笔的尖端伤害到皮革，必须注意使用时的倾斜角度。描绘图案，是在皮革正面留下印记，而不能损伤皮革，这一点必须明确牢记。

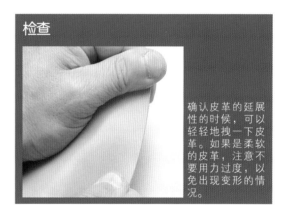

检查

确认皮革的延展性的时候，可以轻轻地拽一下皮革。如果是柔软的皮革，注意不要用力过度，以免出现变形的情况。

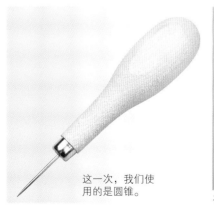

这一次，我们使用的是圆锥。

在皮革上组合纸型。尽可能地摆得紧密一些，不要浪费皮革。

■ 沿着纸型的边缘描绘图案

用手按住纸型，正确地描绘出纸型的形状。

用手按住纸型，把纸型的形状描绘在皮革上。注意位置不要偏离。 *1*

2 将圆锥的前端稍微倾斜一下，尽可能地不损伤皮革表面。

3 如果把圆锥立起来的话，既容易损伤皮革表面，描绘也会受阻。

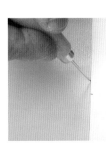

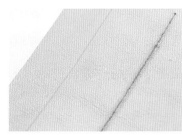

如果圆锥向外侧倾斜的话，描绘出的图案有可能比纸型小。 *4*

左侧是用正确的方法描绘出的图案，右侧则是因为立起圆锥描绘而划伤了皮革表面。 *5*

■ 描绘弧线部分的注意点

在描绘弧线部分的时候，要特别注意弧度大的弧线。

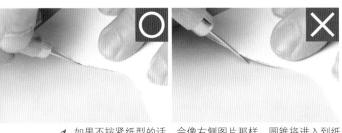

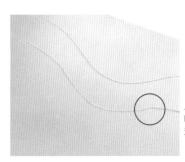

1 如果不按紧纸型的话，会像右侧图片那样，圆锥将进入到纸型和皮革之间的缝隙，导致线条不整齐。也可以放上镇纸之类的重物。

2 上面是正确描绘的线条，下面是失败的线条。

■ 给中心点和安装位置做上记号

对准纸型上事先打的孔，在皮革表面做上记号。

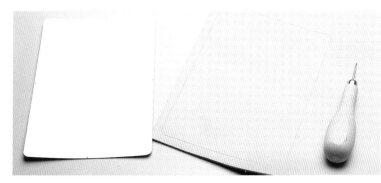

整体描绘完后，暂时把纸型拿开，确认图案正确后，再次把纸型放在上面。

1

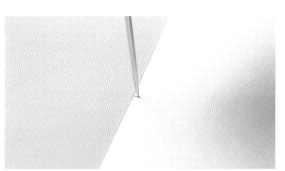

2 把纸型和图案对齐，用圆锥刺破皮革表面，做个记号。如果用力过度的话，有可能把皮革穿透，需要格外注意。

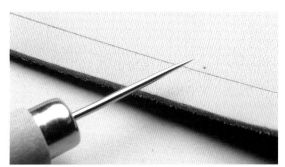

3 这是在皮革表面添加了记号的图片。因为这个记号将会留在皮革上，所以做记号时要注意，记号要位于打磨边缘后正好消失的位置。

■ 把所有的部件描绘在皮革上

把需要的部件全部描绘在皮革上，要点是不要浪费皮革。

把每一个部件仔细描绘在皮革上。

1

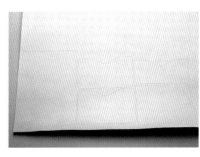

像这样把纸型紧凑地描绘在皮革上，可以减少皮革的浪费。但是，过于紧凑的话，切割工序会变得难以进行，所以在没有信心的情况下，还是适当留一些空隙为好。

2

柔软皮革的描绘方法

铬鞣制的柔软皮革，如果使用圆锥或者铁笔的话，很不容易留下印记，所以使用银笔来描绘纸型。因为银笔一旦描上，是不能擦去的，因此在裁切的时候，沿着线条的内侧裁切，以去除线条。柔软的皮革，无论哪个方向都很容易弯曲，在选择皮革的时候，稍微拽一下皮革，尽可能地通过皮革的延展性来弄清楚皮革的走向。

把纸型放在皮革上，使用银笔沿着纸型的边缘描绘。注意银笔不要进入纸型的内侧。

1

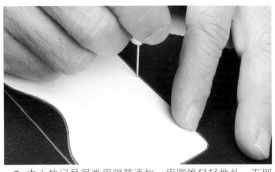

2 中心的记号很难用银笔添加，用圆锥轻轻地扎一下即可。如果力度把握不好的话，有可能扎透皮革，需要格外小心。

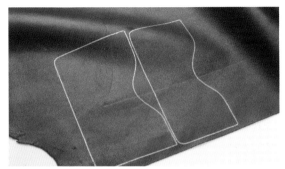

3 为了减少浪费，尽可能紧密地描绘图案。银笔的线条比较粗，注意线条不要重叠。

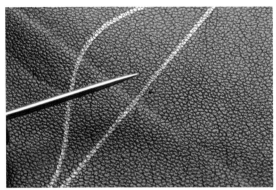

4 这是中心的记号。柔软的皮革不需要打磨边缘，所以记号尽可能做得不显眼。

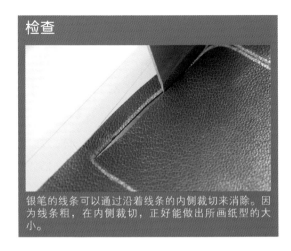

检查

银笔的线条可以通过沿着线条的内侧裁切来消除。因为线条粗，在内侧裁切，正好能做出所画纸型的大小。

裁切皮革

裁切皮革必须要慎重，因为一旦下刀，皮革是不能复原的，所以必须掌握刀具的正确使用方法，准确、漂亮地裁切。首先，必须能够笔直地裁切出直线，然后掌握弧线、精细地方的裁切方法，逐步练习每一种裁切方法，提高裁切技术。

正确的裁切方法

买回皮革之后，为了完成作品，一定会经历裁切工序。当然，初学者也可以买回裁切好的皮革材料包简单缝制，轻松享受手工的乐趣。但是，如果想要创作出具有特色的原创作品，从一张皮革上裁切出自己需要的部件是有必要的。裁切皮革的工具，主要有裁皮刀和美工刀，对于初学者而言，如果仅仅只是裁切出所需要的部件的话，使用美工刀即可。但是，熟练使用裁切皮革的各种工具，可以更加漂亮、准确地裁切出各部件。掌握各种工具的使用技巧，可以自由自在地裁切出各种各样的形状。本章将以裁皮刀为核心，介绍各种裁切工具的使用方法。不同的工具，适合的裁切形状以及皮革种类存在差异，大家可以根据自己的需要来选择使用。掌握适合自己的裁切方法，迈出制作自己喜欢的作品的第一步吧。

裁皮刀的基本知识

裁切皮革的常规工具是裁皮刀。首先为大家介绍裁皮刀的使用方法。如果熟练掌握了裁皮刀的使用技巧，它将比美工刀更容易切割出漂亮的直线、弧线。为了快速掌握裁皮刀的使用技巧，有必要事先学习一些预备知识。即使是会用裁皮刀的人，通过通读本章节，也会有新的发现。在工具的使用方面，虽然不要求严格按照本书介绍的方法，但是这些使用方法，都是前人在不断地实践中总结出来的，掌握它们对大家大有裨益。

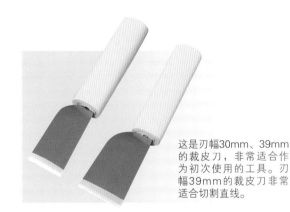

这是刃幅30mm、39mm的裁皮刀，非常适合作为初次使用的工具。刃幅39mm的裁皮刀非常适合切割直线。

■ 裁皮刀的握法

下面介绍裁皮刀的安全握法。

肘部不要抬高，手腕弯曲，握住刀柄的下侧，这样做可以稳稳地握住刀具。将拇指立起来，压住刀把。

1

除拇指以外，其他手指紧紧握住刀柄。这样可以保持刀具不晃动。

2

■ 裁皮刀的角度

想要切割出漂亮的断面，要考虑到刀刃的形状，向外侧倾斜一定的角度。

裁皮刀的刀刃部分单侧是斜面。因此，切割时需要向外侧倾斜一定的角度，这样就可以切割出漂亮的断面。

检查

这是把刀刃部分放大后的图片。刀刃的一侧是斜面，为了切割出垂直的断面，刀刃的斜面要和铺在皮革下方的塑料板保持垂直。

✕

如果不考虑刀刃的形状垂直切割的话，刀刃部分的断面会形成斜面，这会给之后的磨边处理带来不必要的麻烦。希望大家给予足够的重视。

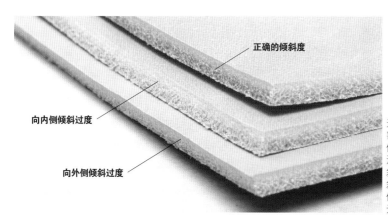

正确的倾斜度

向内侧倾斜过度

向外侧倾斜过度

这是不同刀刃倾斜度的切割效果。如果按照正确的倾斜度切割，能够切割出漂亮的断面。如果刀刃倾斜过度的话，断面也会倾斜过度。要做到准确把握倾斜度，可以使用皮革的边角料练习。

■ 切割直角

把裁皮刀的刀刃全部压下去进行切割，主要用于切割直角。

把刀刃放在皮革上，从线条的正上方把刀刃全部压下去切割。特别是在直线收尾的时候，这样能够切割出漂亮的直线。

■ 切割直线

如果使用整个刀刃的话，稳定感会倍增。

把刀刃贴在线条上，向自己的方向切割。这个时候，刀刃不要过于向前后倾斜，尽可能地使用刀刃整体，稳稳地用力切割。

■ 切割拐角

把刀刃立起来，可以切割出漂亮的拐角。

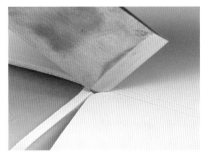

图中的拐角，需要把刀刃立起来使用尖角进行切割。这样刀刃和皮革的接触面较小，进而可以顺畅地切割。要慎重地切割。

■ 切割曲线

抬起刀刃，根据曲线的弧度，调节刀刃与皮革之间的角度。

如果是制作卡包的话，曲线部分使用刀刃的尖角切割，直线部分则使用整个刀刃来切割。像这样，根据图案的形状，灵活调节刀刃的角度，可以应对各种曲线。

■ 切割锐角

小小的锐角部分，可以使用刀刃的尖角切割。

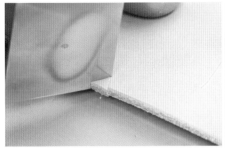 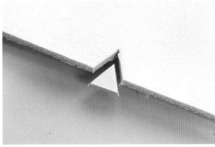

按照图示将刀刃放在皮革上，紧贴锐角的边，用力压下去。在不能转动刀刃的地方，分别从两侧切割。

■ 粘贴完衬革之后切割

在这里介绍粘贴完衬革之后的切割方法。

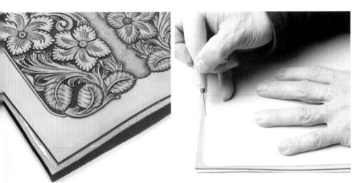

1 在粘贴衬革的时候，没有必要把边缘对齐。在胶水充分干燥之后，在粘贴了衬革的皮革上放置纸型，使用圆锥之类的工具，沿着纸型的边缘描绘轮廓。

2 沿着描绘的轮廓入刀切割。要使用刃幅30mm的平刃刀。

在切割拐角部分的时候，和切割单片皮革一样，把刀刃立起来切割。皮革较厚的部分，要用力切割。

3

把两片皮革粘贴起来之后切割，可以得到完美的断面。

4

裁皮刀的种类

下面介绍几种常见的裁皮刀。裁皮刀有很多种类，有必要区分使用。在切割直线时，使用平刃刀。p.33中所使用的裁皮刀就是刃幅30mm的平刃刀，在裁皮刀中，它是最基本的工具。其他还有适合切割曲线的斜刃刀，也有像雕刻刀那样的适合做精细切割的裁皮刀，请根据需要来准备。建议大家首先备一把平刃刀，反复练习到熟练使用为止。

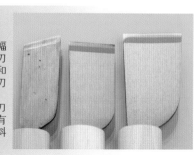

从左侧起依次是刃幅24mm的斜刃刀、刃幅30mm的平刃刀和刃幅39mm的平刃刀。到了专业水准，会用到更多种类的刀具。初级水平只要有两种平刃刀和一种斜刃刀即可。

■ 刃幅 30mm 的平刃刀

这是直线、曲线通用的全能型裁皮刀。

把刀刃放在皮革上，向自己的方向切割。从远处向自己这边拉，让刀刃深深地切入皮革。

■ 刃幅 39mm 的平刃刀

正因为刃幅较宽，所以稳定性超强。

切割方法和刃幅30mm的平刃刀相同，但是刀刃较长，切入皮革的部分相应地就长。容易用力，稳定性好，能够切割出漂亮的直线。不过它不擅长切割曲线。

■ 刃幅 24mm 的斜刃刀

这是适合切割拐角、曲线的裁皮刀。

在使用斜刃刀切割直线的时候，因为刀刃已经有了倾斜度，所以即便不倾斜刀柄，也可以自然地使用全刃切割出完美的直线。

1

在切割拐角部分时，把刀刃立起来，会比平刃刀更方便切割出弧线。

2

■ 粗略切割和精细切割

从大张皮革上，沿着轮廓线的外侧，留有余地地切割出大致轮廓，这是粗略切割。

粗略地在轮廓线外侧将需要的部件切割下来。这样做，在精细切割时，比较容易旋转皮革切割细节部分。

1

从粗略切割后的部件上，沿着图案切割出需要的部分。图中是切割卡包的部件。在直线、曲线部分，一边想着切割方法，一边操作。

2

■ 铬鞣皮革的切割方法

在切割薄皮革和柔软皮革时，需要一只手握刀，一只手压住皮革。

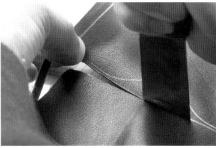

软而薄的铬鞣皮革的切割方法和厚皮革基本相同。但是，在切割的时候，皮革很容易出现褶皱，需要用一只手压住皮革。在切割时，尽可能地拉直切割，不要让皮革延展。

1

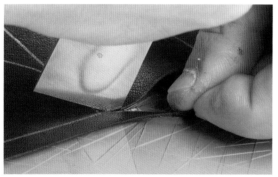

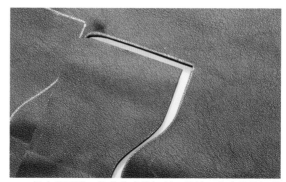

2 在切割弧线部分的时候，要把刀刃立起来，使用刃尖切割。另一只手轻轻地拉住切掉的部分。

3 把皮革压平，沿着轮廓线切割。另外，轮廓线是沿着纸型边缘描绘的，要比纸型大一圈，因此要沿着轮廓线的内侧切割。

替刃式裁刀的使用方法

替刃式裁刀的外形和使用方法都和裁皮刀相似，只是在刀刃不锋利的时候，可以更换刀片。刀片的固定方法是，把刀片插到刀身里，然后用螺丝固定。如果是裁皮刀，刀刃钝了，就必须研磨刀刃。替刃式裁刀不需要研磨刀刃，只需随时备好用来替换的刀片，既轻松又方便。替刃式裁刀的刀刃是向两侧倾斜的，但刀刃的反面比较平缓，因此可以当作单刃刀使用，但切割时没有必要像裁皮刀那样倾斜。从正面看，稍微向外倾斜一些即可。

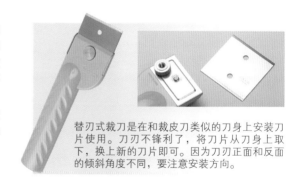

替刃式裁刀是在和裁皮刀类似的刀身上安装刀片使用。刀刃不锋利了，将刀片从刀身上取下，换上新的刀片即可。因为刀刃正面和反面的倾斜角度不同，要注意安装方向。

■ 替刃式裁刀的握法

替刃式裁刀的握法基本上和裁皮刀相同，比较适合切割直线。

使用时，不要抬起肘部，弯曲手腕用手掌整体握住刀柄。把拇指立起来压住刀把，其他四个手指紧紧握住刀柄，这样就可以很好地掌握方向。

1

无须像裁皮刀那样倾斜，从正面看，稍微向外倾斜即可。

2

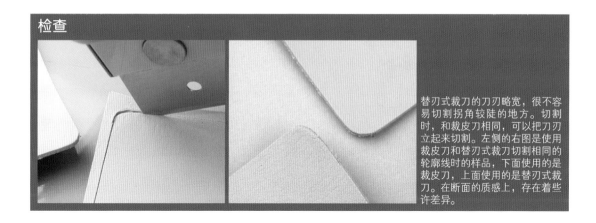

检查

替刃式裁刀的刀刃略宽，很不容易切割拐角较陡的地方。切割时，和裁皮刀相同，可以把刀刃立起来切割。左侧的右图是使用裁皮刀和替刃式裁刀切割相同的轮廓线时的样品，下面使用的是裁皮刀，上面使用的是替刃式裁刀。在断面的质感上，存在着些许差异。

美工刀的使用方法

美工刀并非是皮革专用的工具，在日常生活中极其常见。对于初学者来说，是最容易到手的工具。从某种程度上说，美工刀也可以达到裁皮刀相应的效果。同时，也没有必要掌握像裁皮刀那样的使用技巧。因此，在熟悉皮革素材的阶段，美工刀更为方便。当然，有经验者可以根据切割对象区分使用裁皮刀和美工刀。美工刀可以替换刀片，常用常新。

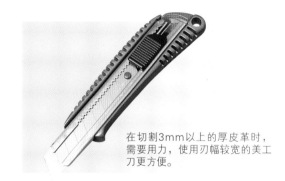

在切割3mm以上的厚皮革时，需要用力，使用刃幅较宽的美工刀更方便。

■ 切割直线

把刀刃放下来，增加稳定感。

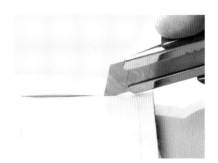

因为美工刀的刀片不是很稳固，所以在用力的时候，很容易晃动。因此，在切割直线的时候，最好使用尺子辅助。另外，如果把刀片推出过多的话，会出现折断刀片的情况，因此只推出一格为好。

■ 切割曲线

把刀刃立起，沿着轮廓线慢慢地切割。

美工刀的刀片在使用时容易晃动，会出现线条乱的现象。特别是曲线部分，很容易脱离轮廓线，所以要慎重地切割。把刀片立起来使用刀刃的尖端部分切割，可以顺畅地完成。

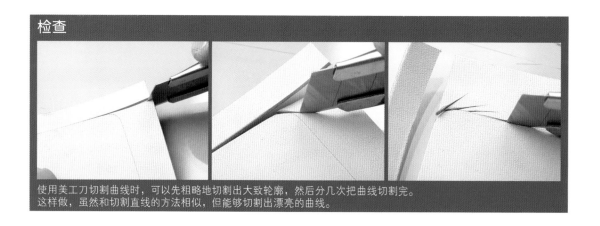

检查

使用美工刀切割曲线时，可以先粗略地切割出大致轮廓，然后分几次把曲线切割完。
这样做，虽然和切割直线的方法相似，但能够切割出漂亮的曲线。

皮革剪的使用方法

在处理铬鞣皮革等较软的皮革时，可以使用皮革剪。和裁剪布料的方法相同，沿着图案剪下即可。如前文所述，如果用裁皮刀切割薄皮革的话，会出现褶皱，切割出来的线条不平整。如果使用皮革剪，可以避免这种现象出现，裁剪出完美的线条。

使用时需要注意，在裁剪直线部分时，尽可能地使用整个剪刀的刀刃。在裁剪曲线等细微部分时，灵活地转动剪刀，就可以裁剪出完美的线条。

皮革剪非常适合裁剪柔软的皮革，按照裁剪布料时的感觉使用即可。

■ 裁剪直线

尽可能地使用全刃，一次性大幅裁剪。

在裁剪直线部分的时候，如果小幅度地裁剪的话，会出现不规则的毛茬。尽可能地使用整个刀刃，裁剪出笔直的线条。

■ 裁剪曲线

通过小幅度地转动剪刀，来裁剪细微的弧线。

使用剪刀的中部，沿着弧线小心地调整剪刀的方向进行裁剪。如果大幅度地裁剪的话，有可能会从线条偏离，需要注意。

裁皮刀的保养方法

为了使裁皮刀的刀刃保持锋利，磨刀的工序是不可缺少的。但是，究竟该怎样磨刀呢？很多人可能不太清楚。同时，裁皮刀到底要磨到什么程度才好，知道这个也很重要。了解什么是最理想的状态，才能实际感受到磨刀的重要性。在这里，我们针对上述疑问逐个进行解说，希望大家通过实际操作确认每个环节。买回裁皮刀，刀刃变钝就放任不管了，是很普遍的现象。为了避免这种情况，希望大家认真学习磨刀知识。

从左侧起依次是粗砂磨刀石、中砂磨刀石和细砂磨刀石。先使用粗砂磨刀石大致研磨，然后逐步换细砂磨刀石。

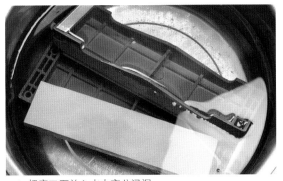

1 把磨刀石放入水中充分浸湿。

2 首先使用粗砂磨刀石。把磨刀石放在毛巾等物体上，尽可能地不让它移动。

斜着拿刀，把刀刃的斜面整体贴在磨刀石上研磨，在向前推的时候加力。在研磨的过程中，刀刃反面的边缘会出现毛刺。

3

换中砂磨刀石，让刀刃的斜面贴在上面。要根据刀刃的角度，把刀刃整体贴在磨刀石上研磨。

4

换细砂磨刀石继续研磨，直到刀刃整体出现磨过的痕迹即可。不要只使用磨刀石的一部分，尽可能地使用整个磨刀石。磨刀石上会出现被磨掉的金属屑。

5

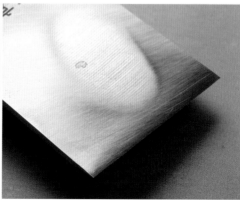

一旦刀刃的斜面变得锋利了，把刀刃反过来轻轻地研磨，以清除边缘的毛刺。此时只让刀刃边缘接触到磨刀石。

6

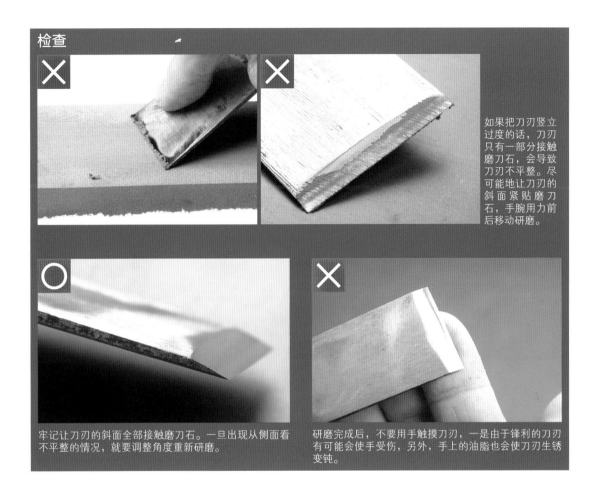

检查

如果把刀刃竖立过度的话，刀刃只有一部分接触磨刀石，会导致刀刃不平整。尽可能地让刀刃的斜面紧贴磨刀石，手腕用力前后移动研磨。

牢记让刀刃的斜面全部接触磨刀石。一旦出现从侧面看不平整的情况，就要调整角度重新研磨。

研磨完成后，不要用手触摸刀刃，一是由于锋利的刀刃有可能会使手受伤，另外，手上的油脂也会使刀刃生锈变钝。

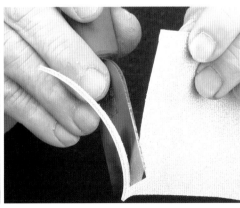

确认刀刃的锋利度，可以使用皮革的边角料来进行。不用力就能切开皮革，或者轻轻地用刀刃划过皮革就能切开，证明裁皮刀达到了最佳状态。这也是以后保养刀具的一个标准。

7

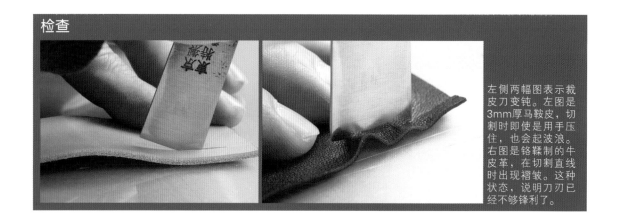

检查

左侧两幅图表示裁皮刀变钝。左图是3mm厚马鞍皮，切割时即使是用手压住，也会起波浪。右图是铬鞣制的牛皮革，在切割直线时出现褶皱。这种状态，说明刀刃已经不够锋利了。

磨刀板的使用方法

皮革之中含有诸如单宁酸之类的物质，这些物质如果附着在刀刃上，会使刀刃变得不够锋利。即便是制作同一件作品，刀具也会存在开始切割时锋利到切割收尾时变钝的情况。在这里，我们介绍一种让刀具在切割中保持锋利的工具——磨刀板。每次使用裁皮刀之前，让刀刃在磨刀板上轻轻地划过，机油的保护作用可以让刀刃保持锋利。因为这样可以清除掉附着在刀具表面的单宁酸。磨刀板的形状像羽子板，不占地方，在切割皮革时放在旁边，随时使用。

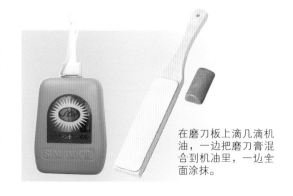

在磨刀板上滴几滴机油，一边把磨刀膏混合到机油里，一边全面涂抹。

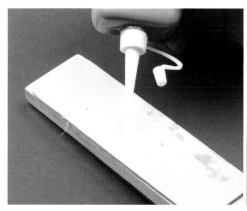

在磨刀板上滴1~2滴机油，不用滴太多。

1

涂抹磨刀膏。先涂在滴了机油的地方，一边混合一边涂抹，一点一点地扩展面积，直到全部抹开。

2

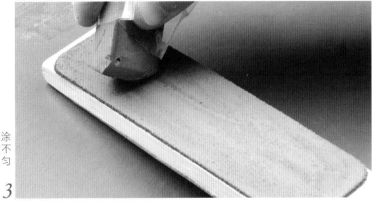

在磨刀板上全面涂抹磨刀膏，注意不要有遗漏，要均匀地涂满。

3

4 把裁皮刀的刀刃朝下放在上面。移动的时候，向一定的方向用力。刀刃的斜面要全部贴在磨刀板上。

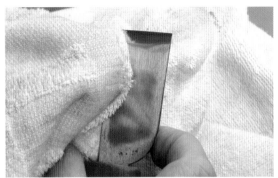

5 研磨完后，不要用手触摸刀刃部分。使用毛巾等物擦掉磨刀膏等渣子。刀刃非常锋利，擦拭的时候注意不要伤到手。

■ 备齐了各种各样的工具和皮革材料! 适合从初学者到专业级别的皮革手艺人!

店铺面向铁路, 红色招牌很显眼, 在电车上也能看到。店里备齐了手工皮革所需要的各种工具和材料。

从东京地铁丸之内线的荻洼车站步行2分钟, 即可到达日本Craft社。它是日本规模最大、市场占有率最高的皮革材料店, 已有50多年的历史。店里, 从方便初学者使用的工具, 到适合高级皮革手艺人使用的专业工具, 应有尽有。皮革种类丰富, 常年备货充足, 客户可以根据自己的需要购买。店内常驻的工作人员, 全都是手工皮革的爱好者。皮革工具和材料方面的知识自不必说, 在皮革技术方面也造诣很深。同时, 店内的风格, 没有给人高不可攀的感觉, 初学者也可以轻松购物。如果有不明白的事情, 可以一边咨询, 一边购物。对于想学习手工皮革但不知道准备什么东西的人来说, 去一趟店里, 是不错的选择。从电车的车窗, 可以看到左图中的红色招牌, 第一次去的人, 一定要记好哟。

从经典皮革到孤品皮革, 一应俱全, 厚度也是各种各样。若是整张皮革卖剩的部分, 可以以优惠的价格购买自己所需要的大小。

这是覆盖了基本工具和高级工具的角落。金属扣也整齐地陈列着。

由于库存充足, 可以一边和经验丰富的工作人员交谈, 一边选购自己所需的商品。

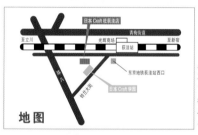

地图

从东京地铁丸之内线荻洼车站向西走2分钟, 便到了日本Craft社, 红色招牌很显眼。日本Craft学园位于车站和铃兰大街交叉口100米右侧。

Address

日本Craft社 荻洼店

东京都杉并区荻洼5-16-15

电话:03-3393-2229 传真:03-3393-2228

营业时间:11:00~19:00, 每月第2、4个星期四10:00~18:00

休息日:每月第1、3、5个星期六、星期日以及节假日

削薄皮革

即使是相同的皮革，用途不同的话，有时需要改变皮革的厚度。这时，就需要使用削薄工具将其削薄。削薄通常是为了减少皮革粘贴、折叠后的厚度，或者使其更容易弯曲。削薄的方法有很多种，请根据用途选择最合适的方法。

削薄的种类和方法

把皮革削薄，可以减少粘贴、折叠皮革时的厚度。另外，把弯折部分削薄，可以提高皮革的柔软性。削薄大致可以分为四种类型。其中，统一把大面积的皮革削薄的方法称为整体削薄，它需要使用专业的工具，很难通过手工作业完成，通常在购买皮革的时候，请店家帮忙削薄。如果去皮革店的话，会看到里面售有各种各样的皮革，即使是相同的皮革，也存在着厚度上的差异。

常见的厚度是从1mm起以0.5mm为单位递增。为了便于出售，店家将皮革削成不同的厚度。这种通过使用机器把皮革整体削成一定厚度的操作，称为整体削薄。削薄这道工序，是为了去除不必要的厚度，使皮革更容易弯曲，它有助于提高作品的完成度和美观度。日本Craft社有很多削薄工具，请根据需要选购。

削薄的种类

削薄大致分为四种，除去整体削薄，还有三种。为了让作品更加完善，要根据自己的目的灵活地使用各种削薄技巧。在处理缝份、锁边等时，经常需要把皮革削薄。在皮革重叠处、缝合处、对折处，如果不使用相应的削薄技巧，就会出现厚度不均匀或者作品变形的情况。为了避免出现上述情况，有必要掌握各种削薄技巧。请大家根据自己的目的灵活运用下面的削薄方法，这样可以大幅提高作品的质量。

■ 斜面削薄

朝向皮革的边缘斜着削出一定的角度。

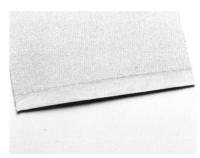

在缝合皮革的时候使用，可以控制皮革的厚度。越往边缘越薄。

■ 垂直削薄

在边缘处垂直着削薄，使边缘呈现明显的高低差。

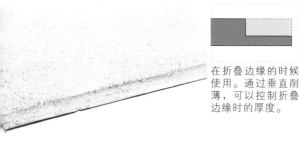

在折叠边缘的时候使用。通过垂直削薄，可以控制折叠边缘时的厚度。

■ 挖槽削薄

削薄折叠处的皮革，使其更加容易弯曲。

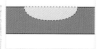

这是一种像挖槽那样将中间需要折叠的部分削薄的方法。因为，比起厚的皮革，薄的皮革更容易弯折。

■ 整体削薄

把一整张皮革削成一定厚度。皮革的厚度可以通过设定机器来调整。

这是把皮革统一削薄成一定厚度的技法，在粘贴衬革的时候使用。如果没有专业的削薄机，是很难通过手工作业削出相同厚度的。所以，通常在购买皮革的时候请商家代为操作。

削薄的方法

这里将对垂直削薄、斜面削薄、挖槽削薄进行解说。关于整体削薄，因为需要专业机器，所以放在削薄工具中介绍。无论哪种削薄方法，在完善作品细节、提高作品品质方面，都是非常重要的，希望大家认真掌握。为了削出理想的效果，让刀刃保持锋利是很重要的。另外，虽说是把皮革削薄，但是如果削得过薄的话，缝合部分的韧度会下降，需要注意。请一边在脑海中想象如何完成自己想要的作品，一边根据需要削薄的地方灵活运用下面的削薄方法。

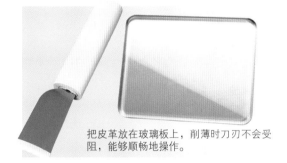

把皮革放在玻璃板上，削薄时刀刃不会受阻，能够顺畅地操作。

■ 垂直削薄

将刀刃切入皮革，削出明显的高低差。

1 为避免刀具受阻，也为了削出光洁的平面，整个作业要在玻璃板上进行。

2 把皮革的床面朝上放在玻璃板上，确定好要削薄的部分。直线部分使用尺子和圆锥画线。这里要在距离边缘10mm的地方削薄。

将裁皮刀的刀刃平行地切入线条处，刀刃倾斜的一面朝下。

3

刀刃从皮革的端头切入，稍微倾斜着移动，一点点地改变刀刃的方向。

4

快到边缘时，逐渐把刀刃放平用力，注意刀刃的角度。如果刀刃立起过度，很有可能切到皮革的正面。刀刃稍微倾斜着移动，尽量使削薄面保持相同的厚度。

5

6 稍微调整一下整体的厚度。削薄后，边缘部分会出现毛茬。

7 把裁皮刀放在削薄处，有倾斜度的一面朝下。刀刃不要过于深入皮革，轻轻地把毛茬削掉。

■ 斜面削薄

这是朝向边缘渐渐变薄的削薄方法。

把皮革放在玻璃板上，在皮革床面画上线条，将裁皮刀沿着线条切入。刀刃倾斜的一面朝下。

1

一边向前推动刀具，一边逐渐压低刀具浅浅地削一层。

2

朝向边缘一点点削薄，保持均匀的倾斜度。皮革边缘的厚度，可根据自己的需要改变。

3

把边缘出现的毛茬修理整齐。刀刃几乎平着，注意不要切入太深。

4

■ 挖槽削薄

使用裁皮刀时，要分两次操作，方法和垂直削薄相同。

在需要折叠的部分画一条中心线，然后从两侧削薄。沿着两侧的基准线下刀。

1

在基准线处入刀，一直切到中心线为止。削薄时逐渐放平裁皮刀。

2

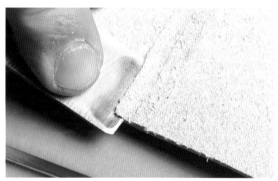

3 另一侧也是从基准线入刀，渐渐地把刀放平，一直切到中心线为止。

4 切到另一侧的削薄处为止。从两侧的基准线向中心线削薄，可以削出像沟槽一样的效果。

■ 根据自己的目的，使用不同的削薄方法

下面针对皮革制作中的各种情况对削薄方法进行解说。

斜面削薄

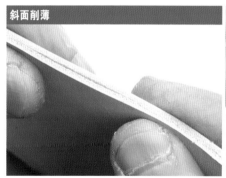

左侧的左图是把没有削薄的两片皮革重叠在一起，右图则是把削薄后的两片皮革重叠在一起。通过把皮革削薄，有效地控制住了皮革的厚度。

垂直削薄

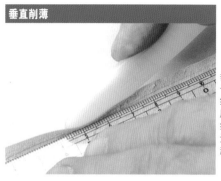

垂直削薄主要用于折叠皮革的边缘。首先将尺子压在入刀处的直线上，然后用磨边棒将削薄处挑起来压出折痕。

1

2 在折叠处涂抹上乳胶。注意折痕两侧都要薄薄地涂抹上乳胶，一直等到半干为止。

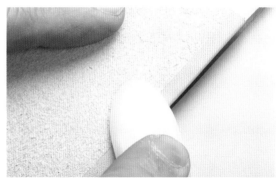

3 沿着折痕把削薄的皮革折起来。注意要压紧。

4 使用磨边棒把折叠部分整体压紧。

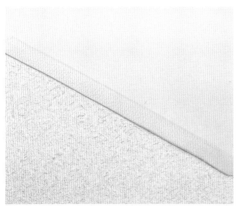

通过垂直削薄可以控制折叠部分的厚度。把厚皮革削薄后折叠，可以让边缘保持平整。

5

挖槽削薄

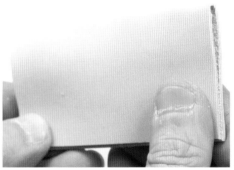

把折叠部分削薄，皮革更容易折叠，也更容易折出折痕。

削薄的工具

到p.51页为止，我们主要介绍了使用裁皮刀进行削薄的方法。下面，我们将针对特定的削薄工具进行介绍。基本上，如果有裁皮刀，就可以应对各种削薄情况。但是，使用特定的工具，可以更轻松、漂亮地达到预期效果。无论使用哪一种工具，都要保持刀刃锋利。下面介绍的工具，有替刃式工具，也有变钝后需要更换新品来保持锋利的工具，对于初学者来说，比起裁皮刀，这些工具也许更容易使用。

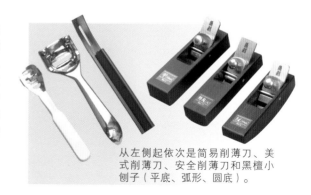

从左侧起依次是简易削薄刀、美式削薄刀、安全削薄刀和黑檀小刨子（平底、弧形、圆底）。

■ 安全削薄刀

比简易削薄刀的刃幅宽，是简单的削薄工具。

决定好倾斜角度之后，贴着皮革的边缘，一边保持好倾斜角度，一边向自己的方向拉。注意不要把刀刃立得太直。

■ 刀片的更换方法

用螺丝刀等工具的尖端推动刀片进行更换。

使用螺丝刀的尖端向外推动刀片即可更换。刀片和美式削薄刀通用。

■ 美式削薄刀

和安全削薄刀的刃幅相同，使用时也是向自己的方向拉。

1 倾斜着贴着皮革边缘，一边让刀刃保持一定的倾斜角度，一边向自己的方向拉。如果用力过度的话，会让刀刃过于深入皮革而削掉太多，需要注意。

2 在安装皮带扣等需要进行垂直削薄的场合，使用刃幅相对较宽的美式削薄刀，可以均匀地削薄。

■ 简易削薄刀

虽然不是宽幅刀刃，但可以在削薄特定的中间部分时使用。

简易削薄刀比前两种工具的刃幅窄，整体呈勺子形。使用时也是倾斜着贴在皮革床面上，保持一定的角度向自己的方向拉。

1

把皮革放在圆柱形的物体上，可以进行挖槽削薄。可以用它做个小卡包试试。

2

■ 黑檀小刨子

从三种类型之中，按照用途选择使用。

图中左边是平底小刨子，右边是圆底小刨子，它们主要用于斜面削薄和垂直削薄。中间的弧形小刨子可以用于皮革的挖槽削薄。

1

使用圆底小刨子进行斜面削薄时，把工具放在和轮廓线平行的位置，以一定的力度向自己的方向拉。

2

使用弧形小刨子进行中间削薄时，将小刨子平行放在中心线上，以一定的力度向自己的方向拉。因为工具本身带有弧度，所以皮革自然地被削出一条带状的沟。

3

■ 皮革削薄机

使用削薄机，可以削出自己需要的厚度以及宽幅。

1 日本Craft学园所使用的削薄机，是由西山制作所制造的专业削薄机。从里侧伸出来的探臂，可以确定削薄的宽幅。

2 装载在探臂前端的压制器，根据不同的削薄宽幅有多种型号可供选择。在购买皮革之际，可以任意选择自己所需要削薄的尺寸。

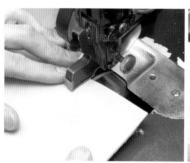

3 把需要削薄的皮革床面朝下放在工作台上。一边用压制器夹着皮革一边往前推的话，削薄刀就会按照设定好的厚度，把皮革的床面削薄。

4 更换压制器，可以削出各种各样的宽幅。

5 更换压制器削薄皮革。可以看出一直到床面的正中间为止，皮革被削薄。

6 通过不断改变皮革的位置，可以把整张皮革削薄。

床面和边缘的处理方法

单宁酸鞣制的皮革的床面和边缘要通过润饰、打磨去掉毛茬。床面和边缘的效果对作品有很大影响。边缘处理剂的使用，会给作品的外观带来很大变化。边缘的处理越是仔细，作品越是完美，希望大家在这个过程中不要疏忽大意。

床面和边缘的状态影响作品的效果

皮革的床面存在很多毛茬。如果不把毛茬处理好的话会损坏皮革，使用体验自然不会好。当然，根据作品的需要，也有直接保留毛茬的。一般来说，需要使用床面处理剂来处理毛茬。床面处理剂的使用方法是，先用刮板把适量的处理剂涂抹在皮革床面，再用玻璃板等物刮抹均匀。

床面处理剂还可以用来润饰边缘。处理边缘时，先去掉正面和床面的棱角并打磨平整，然后涂抹上处理剂继续打磨。边缘的处理会对作品产生很大影响，所以尽可能做得完美。既有单张皮革的边缘，也有把几张皮革缝合在一起的边缘，它们只是厚度不同而已，处理方法不变。另外，也有缝合后变得不能打磨的情况。所以，在设计作品时，要仔细考虑好处理边缘的时间节点。

削去边缘的棱角

去除边缘的棱角，需要使用专业的工具来进行。削边器有不同的尺寸，根据皮革的厚度区分使用。削边器的削切角度是一定的，如果角度不符的话，是不能使用的。将皮革的棱角和工具的刀刃对齐，不断向前推动工具。另外，如果日本KS社的削边器不够锋利了，可以在研磨棒上卷上1000目的砂纸来研磨刀刃。

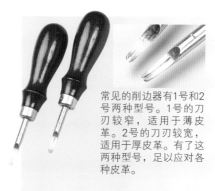

常见的削边器有1号和2号两种型号。1号的刀刃较窄，适用于薄皮革。2号的刀刃较宽，适用于厚皮革。有了这两种型号，足以应对各种皮革。

日本KS社生产了1号（0.8mm）~4号（1.2mm）四种型号的削边器，更加精细。

■ 削边器的使用方法

皮革边缘的处理从去除棱角开始。下面介绍削边器的使用方法。

这是切割后的断面。因为是垂直切割的，所以边缘呈直角且有毛茬。

1 把削边器的刀刃对准正面的棱角，让刀刃吃进皮革。注意刀刃的角度。

2 刀刃一旦吃进皮革，保持一定的角度向前推进。

检查

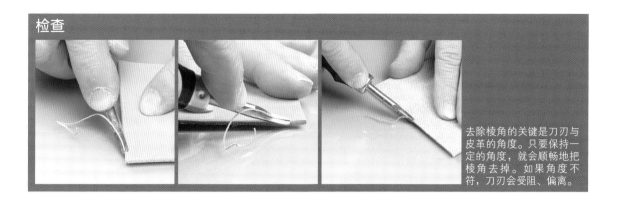

去除棱角的关键是刀刃与皮革的角度。只要保持一定的角度，就会顺畅地把棱角去掉。如果角度不符，刀刃会受阻、偏离。

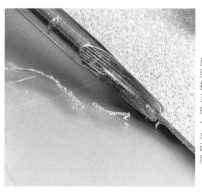

皮革的床面也按照相同的方法去掉棱角。床面和正面不同，削去的棱角不会连在一起，要一点一点地削，注意不要改变工具的角度。

3

本图是修理完床面和正面的棱角的状态。在此基础上，进一步使用砂纸板等磨边工具进行打磨。

4

■ **削边器的尺寸**

下面通过对比削边的效果来比较削边器的尺寸，以便区分使用。

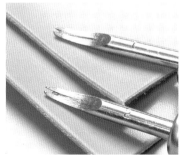

1 图为1号削边器和2号削边器的比较。上面是1号，下面是2号，其差别一目了然。

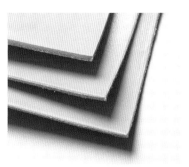

2 从上往下依次是未处理、1号的削边效果、2号的削边效果。即使是相同厚度的皮革，通过处理会产生很大的变化。

3 图为日本KS社的1号和4号削边器。到底应该削掉多少，可以根据自己的喜好来决定。

使用砂纸板打磨平整

把用削边器加工后的边缘，使用砂纸板或三角研磨器打磨平整。打磨边缘时，适当调整砂纸板的角度，从皮革的端头开始一点一点地打磨。不要磨得太狠，只把初步轮廓打磨出来即可。但是，边缘的形状可以根据自己的喜好来决定，请尝试各种各样的方法打磨出独特的风格。

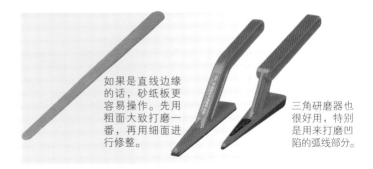

如果是直线边缘的话，砂纸板更容易操作。先用粗面大致打磨一番，再用细面进行修整。

三角研磨器也很好用，特别是用来打磨凹陷的弧线部分。

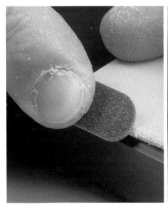

使用砂纸板把边缘打磨成圆边。注意，如果砂纸板用力不均匀的话，边缘部分会磨不平整。

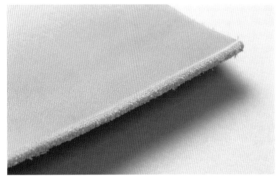

这是使用砂纸板磨成圆边的边缘。这里只是磨出基本的形状，之后涂上边缘处理剂继续打磨。

检查

砂纸板上如果积累了较多的皮屑，可以使用橡皮擦等清理掉。这样砂纸板可以反复使用。

使用处理剂润饰

用砂纸板打磨平整后，再使用处理剂处理床面和边缘。市场上销售有各种各样的处理剂，它们的使用方法和润饰效果多少会有一些不同。最常用的皮革床面处理剂是无色透明的润饰处理剂。在这里，我们主要介绍床面处理剂的使用方法。床面和边缘如果处理不好的话，完成的作品会过早地出现破损。床面处理剂的使用，对于做出完美的作品而言很是重要。

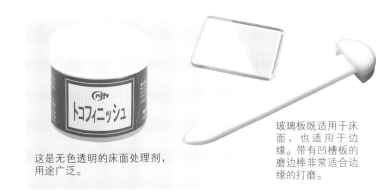

这是无色透明的床面处理剂，用途广泛。

玻璃板既适用于床面，也适用于边缘。带有凹槽板的磨边棒非常适合边缘的打磨。

■ 床面的润饰方法

将床面处理剂均匀地涂抹在床面，然后用玻璃板打磨。

1 用手指取适量的床面处理剂。注意不要过量。

2 使用手指涂抹到一定程度，然后使用刮板全面涂抹均匀。

3 尽可能地涂抹均匀，擦掉多余的处理剂。

使用玻璃板打磨皮革的床面，直到出现光泽为止。如果用力过度的话，皮革会出现延展，所以打磨时要注意力度。

4

检查

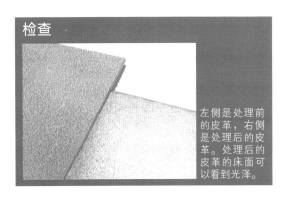

左侧是处理前的皮革，右侧是处理后的皮革。处理后的皮革的床面可以看到光泽。

■边缘的润饰方法

边缘部分很窄，注意不要让床面处理剂溢出来。

用棉棒蘸取床面处理剂。注意不要蘸得过多。

1

在边缘处涂抹上床面处理剂。如果溢出来的话，立刻使用毛巾擦干净。

2

检查

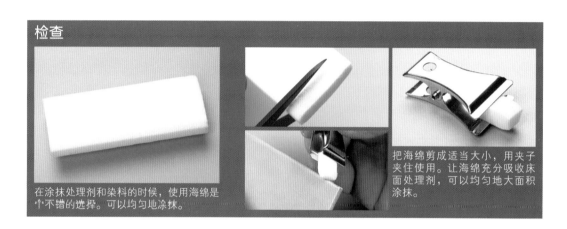

在涂抹处理剂和染料的时候，使用海绵是个不错的选择。可以均匀地涂抹。

把海绵剪成适当大小，用夹子夹住使用。让海绵充分吸收床面处理剂，可以均匀地大面积涂抹。

■打磨润饰后的边缘

涂抹完床面处理剂的边缘，使用磨边棒打磨。

把皮革放在橡胶板上，从床面的边缘开始打磨。稍微用力，使纤维收紧。

1

打磨完床面的边缘之后，继续打磨正面，同样用力压着打磨。由边缘部分向中间用力，使纤维收紧。

2

最后顺着边缘打磨。经过了三个方向的打磨，边缘的纤维收得更紧。

3

4 把边缘打磨得圆润。经过认真打磨，边缘也会呈现出像床面那样的光泽。

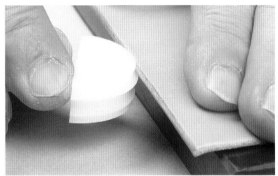

5 薄皮革也可以使用磨边棒另一端的凹槽板打磨边缘。根据皮革的厚度选择不同的凹槽。

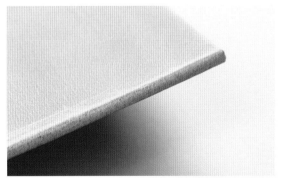

6 完成的边缘呈现出自然的曲线，同时也出现了光泽。皮革的厚度和缝合皮革的数量不同，边缘的厚度会产生变化，但最基本的处理方法是一样的。

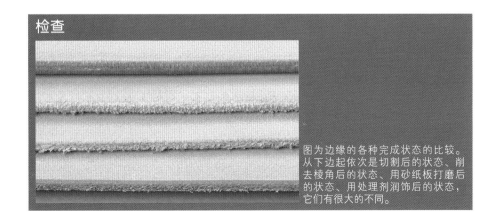

检查

图为边缘的各种完成状态的比较。从下边起依次是切割后的状态、削去棱角后的状态、用砂纸板打磨后的状态、用处理剂润饰后的状态，它们有很大的不同。

■ 其他打磨边缘的工具

下面介绍除了带凹槽板的磨边棒之外的打磨工具。

这是硬木四槽磨边棒，因为没有弹性，它比带凹槽板的磨边棒更容易使上力气。

把硬木四槽磨边棒放在橡胶板上，使用尖端部分打磨床面和正面的边缘。

然后，选择合适的凹槽把皮革边缘打磨得光滑、平整。如果纤维没有收紧的话，边缘会呈现散开的状态，需要格外小心。

最后使用帆布进行打磨。用粗细度适中的帆布打磨，边缘会出现漂亮的光泽。

把帆布剪成适当的大小。用磨边棒打磨后，使用帆布打磨收尾。

检查

要在处理剂还没有完全干透时打磨边缘，这样单宁酸会浮出，边缘会呈现自然的颜色。

■ 制作 CMC

在使用粉末状的 CMC 的时候，必须用水将其化开。

取适量粉末状的CMC，用水化开。使用方法和床面处理剂相同。

3g CMC，要使用200mL水来溶解。也可以根据自己的喜好，适当加浓。

1

2 一点一点地加水，把CMC化开。使用热水的话，更容易溶解。

3 CMC溶解在水里，成为糊状。如果存在没有完全溶解的CMC，搁置一晚就会溶解了。

4 这是将3g CMC溶解在200g水中得到的液体。浓度可以根据自己的喜好来调整。

■ 使用染料染色

皮革边缘染色应在使用处理剂之前进行。

图为皮革染色的时候经常使用的染料。把染料倒在小碟子里，在涂抹的时候，使用棉棒等方便涂色的东西。

1 用夹子夹住剪成适当大小的海绵让其充分吸收染料。海绵非常适合染色。

2 不要一口气染完，要多次重叠着染色。注意不要出现厚薄不匀的现象。

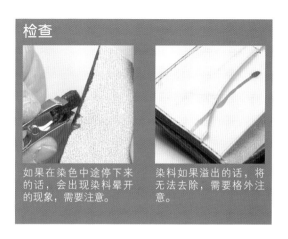

检查

如果在染色中途停下来的话，会出现染料晕开的现象，需要注意。

染料如果溢出的话，将无法去除，需要格外注意。

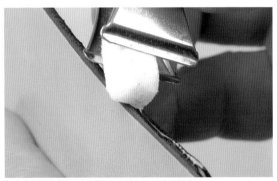

3 边缘的染色完成后，涂抹床面处理剂。

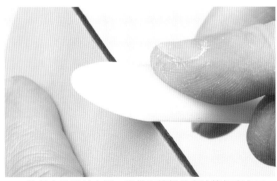

4 涂抹完处理剂之后，用带凹槽板的磨边棒打磨完工。按照床面、正面、边缘的顺序打磨圆润。

5 这是涂完染料并打磨好的状态。原色皮革有时会不染色直接使用，但如果使用黑色的皮革，务必要染色。

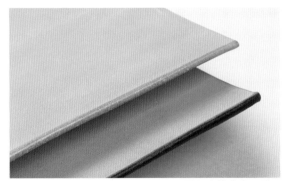

6 直接润饰打磨和染色之后打磨的原色皮革边缘的差别是一目了然的。它们风格不同，可根据个人喜好来决定是否将边缘染色。

检查

使用床面处理剂润饰染色后的皮革边缘的时候，相关工具上会沾上染料。这时需要注意，不可以用工具继续处理染成其他颜色的边缘。

■ 使用底色剂处理床面和边缘

底色剂是一种把润饰、着色同时进行的处理剂。

底色剂的使用方法和床面处理剂相同。在处理毛茬的同时，可以自然地着色。

使用刮板在皮革的床面涂抹上底色剂，然后使用玻璃板打磨。如果正面沾上底色剂的话，颜色会很难去掉，注意不要弄到正面上。

1

2 使用棉棒或海绵涂抹边缘。在这里也需要注意不要沾到皮革正面上。

3 使用磨边棒打磨，然后使用帆布继续打磨。打磨至出现光泽为止。

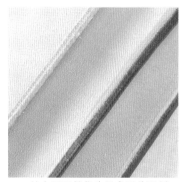

4 从上面开始依次是床面处理剂、底色剂、染料加床面处理剂的磨边效果。

■ 使用边油处理边缘

边油的上色效果更好，需要涂抹两遍。

边油有黑色、深棕色、红褐色、白色、红色、无色等颜色。染色时不渗透，带有优良的光泽。

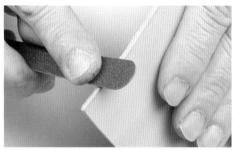

使用砂纸板打磨边缘，方法和p.58相同。

1

2 把边油仔细摇匀，使用棉棒或海绵涂抹在皮革边缘。如果不摇匀的话，会出现颜色深浅不等的现象。

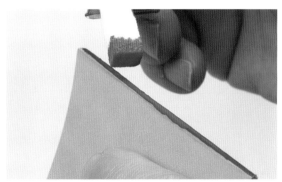

3 把边油轻轻地涂在边缘上。因为要涂抹两次，所以第一遍要涂抹得略微薄一些。

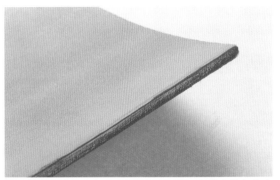

4 第一遍涂抹完之后，使之彻底干燥。如果在没有完全干燥之前涂抹第二遍的话，第一遍涂抹的边油很有可能会脱落。

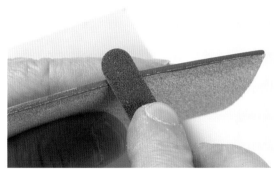

5 边油彻底干燥之后，使用砂纸板细面轻轻地打磨。

6 接着涂抹第二遍边油。因为已经有了底层，第二遍的操作相对容易，也很容易着色。

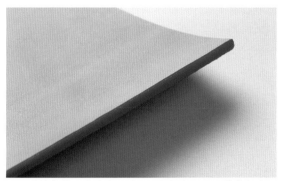

7 涂抹完第二遍边油之后，无须打磨，只需待其彻底干燥即可。边油比染料的上色效果更好，具有独特的光泽。

粘贴皮革

在缝合皮革之前，要事先把需要缝合的部分粘贴在一起。有很多适合粘贴皮革的胶水，它们的使用方法和特性各不相同。另外，涂胶水的时候需要注意，如果涂抹过厚的话，会出现厚厚的胶层。一旦出现胶层，即使打磨边缘，也无法消去，需要格外注意。

完美地粘贴是手缝的基础

把需要的部件裁切好，进行一系列的润饰打磨之后，在缝合之前要把相关部件粘贴在一起。粘贴皮革所用的胶水，大致分为三类，请根据各自的特性区分使用。

最常用的是以白胶为代表的醋酸系胶水。这种胶水一旦干燥就无法使用，在操作的时候，需要动作敏捷。因为是在干燥之前粘贴的，粘贴之后可以调整位置。以强力皮革胶为代表的合成橡胶胶水，是在半干燥状态下粘贴的，粘贴后不可以调整位置，因此粘贴的时候需要格外小心。天然橡胶胶水和合成橡胶胶水相同，粘贴之后很难调整位置。所有的胶水在粘贴之后都需使用碌子压实。

可以根据个人喜好选择合适的胶水，也可以根据使用对象来选择合适的胶水。我们可以根据自己的需求，灵活使用这些胶水。

使用醋酸系胶水粘贴

以白胶为代表的醋酸系胶水，因为粘贴之后可以调整位置，所以比较适合初学者。另一方面，它一旦干透就失去了黏结力，所以在进行大面积粘贴的时候，需要掌握一定的技巧。在粘贴大面积的皮革时，事先把皮革打湿，使胶水的干透时间延长。涂胶水的时候，一定要在皮革的两个粘贴面涂上胶水，这一点适用于所有的胶水。在粘贴皮革正面的时候，有必要事先磨毛。皮革正面比较光滑，如果直接涂抹的话，是很难粘贴牢固的。

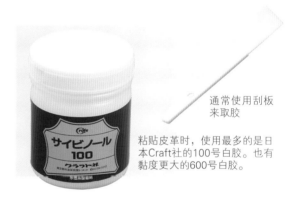

通常使用刮板来取胶

粘贴皮革时，使用最多的是日本Craft社的100号白胶。也有黏度更大的600号白胶。

■ 在粘贴之前把皮革处理好

在涂抹白胶之前，在粘贴位置做个记号，把正面磨毛。

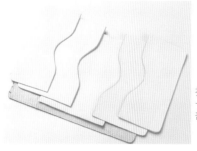

把各部件组合在一起，确认粘贴部位。

1

确定好位置，做个记号。以这个记号为基准涂抹白胶。

2

 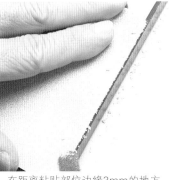 

3 皮革床面使用床面处理剂处理后，在距离粘贴部位边缘3mm的地方，使用砂纸板磨毛，制作出粘贴带。注意不要打磨过度。

4 边缘变了颜色的部分，是磨毛后的粘贴带。只在粘贴带涂抹白胶。

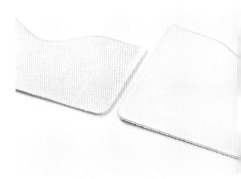

5 这是床面和正面的粘贴部分。在这里做个记号。

POINT

6 使用砂纸板把标了记号的正面磨毛。注意不要超过记号。

7 这是处理好床面和正面的状态。

检查

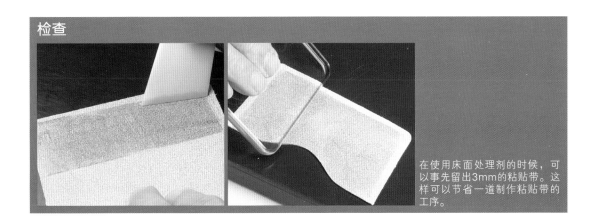

在使用床面处理剂的时候，可以事先留出3mm的粘贴带。这样可以节省一道制作粘贴带的工序。

■ 白胶的使用方法

在皮革的两个粘贴面涂抹上白胶，在干透之前粘贴好。

使用刮板取适量白胶。因为涂抹的时候只使用刮板的正面，所以只用正面的边缘蘸取适量白胶。

1

2 把刮板边缘蘸取的白胶薄薄地涂抹在粘贴带。使用橡胶板进行操作也可以。注意不要让白胶粘到其他地方。

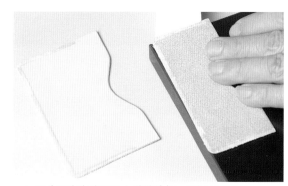

3 因为要在白胶干透之前粘贴好，所以必须动作迅速。如果白胶涂抹过量的话，会出现胶层，需要注意。

4 把相应的部件对齐，然后粘贴。使用白胶时，虽然可以在粘贴后移动位置，也尽可能一次性粘贴好。

POINT

5 把各部件按照事先做好的标记粘贴好。可以微调位置，这是白胶的优点。

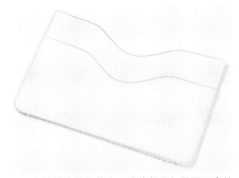

6 把相应的部件粘贴好之后，使用磨边棒或者磙子将其压实。如果用力过度的话，皮革会出现延展的现象，在压实的时候要把握好力度。

7 这是粘贴好的状态。边缘部分如果不压实的话，会出现开裂现象。

■ 去除多余的白胶

皮革正面如果沾上了白胶，使用湿抹布擦掉。

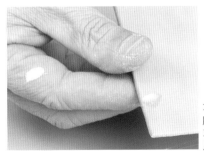

不小心用沾有白胶的手指碰到皮革正面时，不要用手指去擦拭。

使用拧干的湿抹布把白胶擦掉。如果抹布太湿的话，水分会渗透到皮革里，导致染色部分变花。

■ 弯曲粘贴

粘贴折叠部分的衬革时，一边稍微使皮革弯曲一边粘贴，这样衬革不容易出现褶皱，使用更为方便。

在需要粘贴的两面都均匀地抹上白胶。

1

POINT

在粘贴的时候，一边将正面的皮革稍微向折叠方向弯曲，一边在背面粘贴衬革。

2

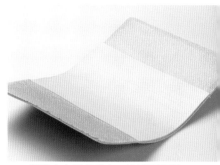

3 一边保持弯曲的角度，一边使用玻璃板压实。

4 白胶干透后，尝试着把皮革弯曲一下，确认弯曲的方向没有问题。

5 粘贴完之后的状态。注意不要把角度弄得过大。

■ 粘贴高低差部分

在粘贴多层皮革时，会出现同时面对正面和床面的情况。

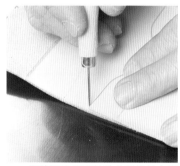

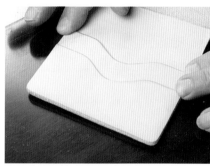

1 把接下来需要粘贴的部件放在已经粘贴好的部件上，对齐后，在粘贴位置做个记号。

2 在粘贴面中，有大约一半是正面，因此要将其磨毛，制作粘贴带。

3 在需要粘贴的两面都涂抹上白胶，把相应的部件粘贴在一起。对齐步骤1中做的记号。

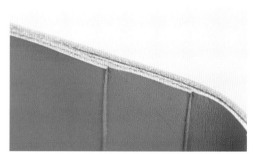

4 多层皮革粘贴在一起会出现高低差，使用玻璃板或者锤子等压实，以减少高低差。

5 这是把每一个部件压实后的状态。虽然不能做到完全使高低差消失，但要尽可能地压实。

■ 把边缘修理整齐

各部件粘贴完之后，把边缘部分修理整齐。

粘贴完之后，边缘部分出现高低差是很正常的现象。使用砂纸板等工具把边缘修理整齐。

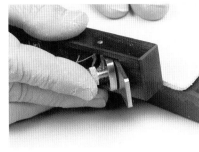

高低差过大时，使用小刨子修理整齐。

日本NT社的三角研磨器，也是适合这道工序的工具。三角研磨器主体很稳固，可以顺利地把边缘修理整齐。

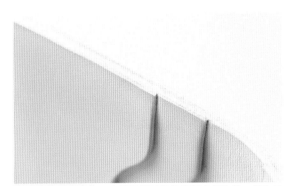

这是修整后的边缘。在粘贴的时候做出整齐的边缘，缝合后再次把边缘修理整齐。

■ 大面积粘贴

在大面积粘贴的情况下，事先让皮革吸收一定的水分，以延长干燥的时间。

使用喷壶，把皮革床面全部喷上水雾，使待粘贴的皮革含有适量的水分。如果使用海绵打湿的话，会出现水分过多的现象。而使用喷壶，只会在皮革表面形成小水滴。

1

在含有水分的皮革上涂抹白胶。白胶吸收皮革中的水分，可以延长干燥的时间。

2

3 使用刮板把白胶均匀地涂抹在粘贴面。注意不要涂得过厚。

4 待粘贴的另一面也涂抹上白胶。这一面没有必要打湿。

5 确认两面的白胶没有干透，粘贴在一起。

6 使用碌子压实。粘贴面积较大时，最好使用玻璃板。皮革上有雕花或印花工艺时，注意压实的力度。

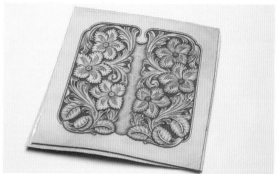

7 这是使用白胶粘贴的部件，在彻底干燥之前不要移动。

使用合成橡胶胶水粘贴

强力皮革胶或者G17皮革胶这样的合成橡胶胶水是速干类胶水，需要快速粘贴。合成橡胶胶水一旦粘贴便不可以调整位置，所以要一次性粘贴好。另外，虽然很多管状的胶水可以直接挤出使用，但是这里如果不使用刮板的话，很容易涂抹过厚从而出现胶层。另外，使用的时候要注意室内通风换气。

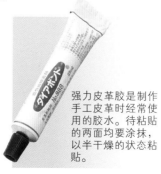

强力皮革胶是制作手工皮革时经常使用的胶水。待粘贴的两面均要涂抹，以半干燥的状态粘贴。

POINT

虽然是管状的胶水，但也需要使用刮板涂抹。像图中这样直接挤在刮板的边缘使用即可，注意不要挤太多。

■ 合成橡胶胶水的使用方法

粘贴前对皮革的处理和白胶相同，以半干燥的状态粘贴。

1 使用刮板在粘贴带上薄薄地涂抹上胶水。因为干燥得非常快，如果不迅速涂抹的话，会形成硬块，需要注意。用手触摸时感觉有点发黏，这就是半干燥状态。

2 使用强力皮革胶时，因为粘贴后不可以调整位置，对准位置之后要一次性粘贴好。如果强行揭开皮革的话，会出现延展的现象。

  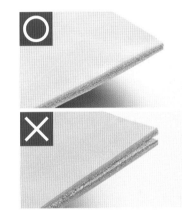

3 粘贴完之后，使用磙子或者锤子压实，注意不要损伤皮革表面。使用强力皮革胶时，压实之后可以进行后续操作。

使用强力皮革胶等合成橡胶胶水时，很容易涂抹得过厚。像左侧下方的图片那样，在边缘处出现胶层的话，不能完成完美的作品。

4

■ 皮革正面沾上合成橡胶胶水时

皮革正面沾上合成橡胶胶水时，不要用手触摸，等到变成半干燥状态再处理。

  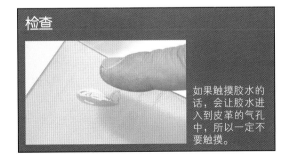

1 在操作过程中，有时会不小心在皮革正面沾上胶水。如果处理不当的话，会造成污染面积越来越大。这种情况下，不要慌张，把附着面缩小到最低程度。

检查

如果触摸胶水的话，会让胶水进入到皮革的气孔中，所以一定不要触摸。

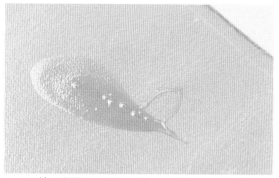

2 原封不动地放置到胶水变成半干燥状态为止。这仅仅适用于合成橡胶胶水。如果是前面提到过的醋酸系胶水，应该立刻擦掉。

3 到了半干燥状态，把使用相同胶水制作的硬块贴在上面。提起胶水硬块，可以把附着在皮革正面的胶水粘下来。

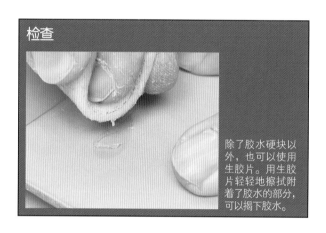

检查

除了胶水硬块以外，也可以使用生胶片。用生胶片轻轻地擦拭附着了胶水的部分，可以揭下胶水。

4 重复步骤3的操作，虽然不能把胶水渗透的痕迹消除，但是能够把胶水完全揭掉。

使用天然橡胶胶水粘贴

以乳胶为代表的天然橡胶胶水，在干燥的状态下粘贴，然后使用碌子等压实。天然橡胶胶水大多是罐装的，用刮板蘸着使用。它的干燥时间虽然比合成橡胶胶水要长一些，但如果不迅速抹开的话，很容易形成胶层。天然橡胶胶水粘贴完之后也不能调整位置，但因为是在干燥的状态下粘贴的，在压实之前揭开的话，皮革不容易延展。天然橡胶胶水基本都会用到溶剂，在操作时要注意室内通风换气。

天然橡胶胶水的代表是乳胶。因为是装在宽口的容器里，可直接用刮板蘸取使用。

■ 天然橡胶胶水的使用方法

天然橡胶胶水要在其干燥之后粘贴，然后压实。

只在刮板的正面蘸上少许乳胶。如果蘸得太多的话，会出现涂抹过厚或者乳胶溢出的现象。

1

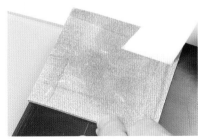

把附着在刮板上的乳胶涂抹在粘贴面上，尽可能地涂抹得薄一些。

2

3 在待粘贴的两面涂抹上乳胶。因为是干燥之后才粘贴，所以不用着急，一面一面地耐心涂抹。

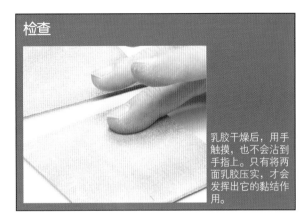

检查

乳胶干燥后，用手触摸，也不会沾到手指上。只有将两面乳胶压实，才会发挥出它的黏结作用。

4 一边确认粘贴位置，一边粘贴。在压实之前，虽然比合成橡胶胶水容易揭开，但要尽量一次性粘贴好。

5 使用磙子压实，使之完全粘贴在一起。因为乳胶本身已经处于干燥的状态，压实之后可以立刻进行后续操作。

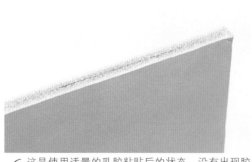

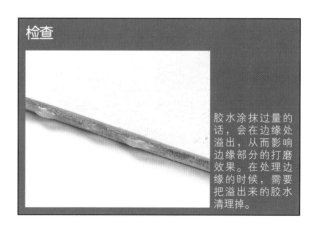

检查

胶水涂抹过量的话，会在边缘处溢出，从而影响边缘部分的打磨效果。在处理边缘的时候，需要把溢出来的胶水清理掉。

6 这是使用适量的乳胶粘贴后的状态。没有出现胶层，感觉皮革完全粘贴在了一起。

■ 其他关于粘贴的知识

下面介绍粘贴皮革时需要了解的其他事项。

粘贴细长皮革时

粘贴皮带的衬革等细长的皮革时，因为很容易跑偏，所以要压住两边一点一点地粘贴，比较费时间。使用乳胶的话，能节省一些时间。

把胶水对皮革正面的影响降到最低

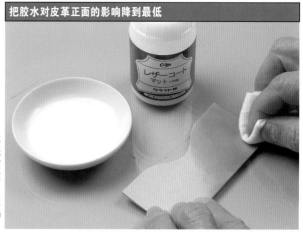

为了把附着在正面的胶水的影响降到最低，要事先涂抹皮革保护剂。让棉布充分吸收皮革保护剂，在皮革正面上均匀地涂抹，等待干燥。事先涂抹上皮革保护剂的话，很容易揭掉胶水，也会减少渗入。

手缝技法

所谓手缝，就是用线穿过菱錾打的孔缝合。乍一看非常简单，但如果不假思索地打孔、缝线的话，不会缝出漂亮的作品。首先需要掌握基本的缝合要领，然后按照正确的顺序缝合，才能完成漂亮的作品。仔细打出每一个孔，认真缝出每一针，这是非常重要的。

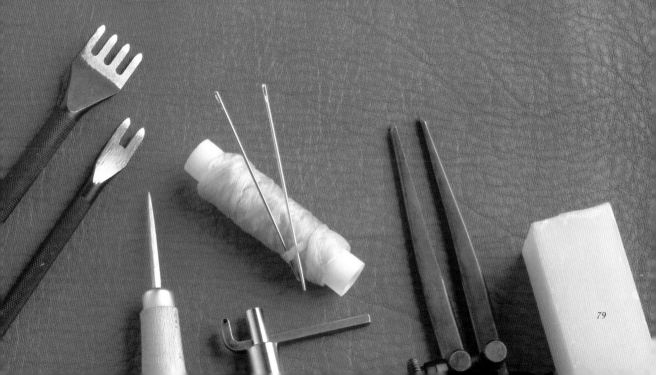

打出缝线孔，使用针和线缝合

手缝之前，首先使用打孔工具打出缝线孔，然后缝线。使用菱錾，可以打出漂亮的菱形孔。缝线孔打得不好，是不能完成漂亮的手缝作品的。缝出漂亮的针迹，关键在于打出漂亮的孔。另外，打孔方法不止一种，可以根据情况选择使用，打出最合适的孔。

手缝所用的线大致分为两种，一种是麻线，一种是螺纹线。为了让线顺畅地穿过皮革，要在线上涂蜡。使用麻线时，使用前要涂上专用的手缝蜡。螺纹线在销售之前已经上蜡。另外，不同的线收尾方法也不一样，要充分了解所用的线材之后再开始缝制。

使用菱錾打孔

使用菱錾打孔是最基本的打孔方法。虽然菱錾可以直接用来打孔，但是为了打出漂亮的直线，有必要事先画上线。另外，有高低差的部分和拐角部分，要事先使用圆锥打出孔作为基准点。定好基准点之后，在基准点之间打出间距均匀的孔。

间距规是在作品背面画出缝合线的工具，它将画出基准点的标准线。

间距规的尖端很锋利，使用前需要用砂纸板磨圆。

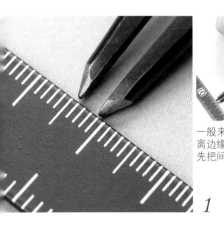

1

一般来说，缝合线要画在距离边缘3mm的地方，因此事先把间距规设定为3mm。

检查

把间距规设定好之后，在废弃的皮革上试着画线，确认间距是否是3mm。画完线之后，使用尺子测量宽幅。

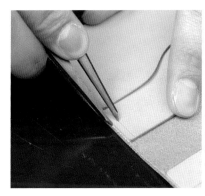

在作品的背面使用间距规画线。因为不从这一面打孔，因此这条线将成为取基准点的标准线。

2

拐角处很容易偏离，要让间距规的一侧紧贴边缘。

3

使用间距规在作品的背面画线一周。注意在有高低差的部分不要偏离。

4

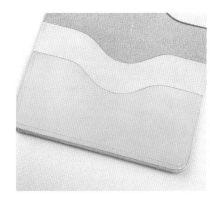

这是画完基准线的状态。确认线条和边缘之间的距离是3mm。

5

■ 使用圆锥取基准点

在高低差、拐角等不能让缝线孔偏离的地方，要事先使用圆锥取基准点。

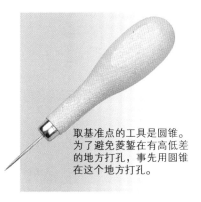

取基准点的工具是圆锥。为了避免菱錾在有高低差的地方打孔，事先用圆锥在这个地方打孔。

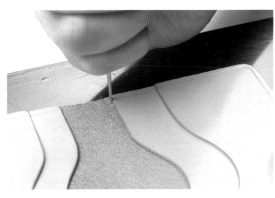

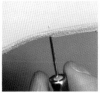

在有高低差的地方打出一个基准点。通过这种事先确定位置的方法，可以避免菱錾在有高低差的地方打孔。

1

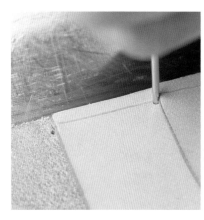

这是把高低差部分放大的情形。如果菱錾在高低差部分打孔，缝线的时候，有可能伤害到皮革。

2

使用圆锥在作品的四个角打孔。像这样几乎接近直角的弧线部分，最好事先定下基准点。

3

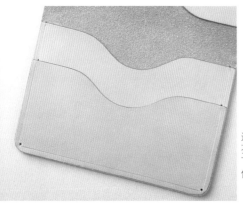

这是在基准点打好孔的状态。事先定下基准点，可以确保作品的品质。

4

POINT

因为基准点部分不用菱錾打孔，所以使用圆锥扎透。

5

■ 使用挖槽器挖出缝线槽

在基准点打好孔以后，在作品的正面挖出缝线槽。

挖槽器是在皮革止血挖槽的工具。挖槽是用来走线的。

调整挖槽器的宽幅。宽幅应和背面一样，为3mm。

1

2 确认挖槽器的宽幅和基准点相同，挖出缝线槽。注意不要偏离边缘。

3 把挖槽器设置为直角。因为刃部的角度是一定的，注意保持相同的角度，向自己的方向挖槽。

检查

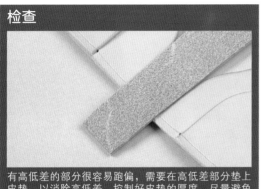

有高低差的部分很容易跑偏，需要在高低差部分垫上皮垫，以消除高低差。控制好皮垫的厚度，尽量避免出现高低差。

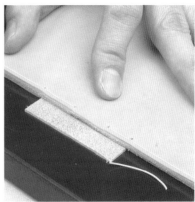

垫上皮垫后，正面变得平整，可以挖出笔直的缝线槽。

4

5 使用挖槽器挖出缝线槽后，皮革正面会成为图中所示的样子。以这个槽为基准线，使用菱錾打孔。

检查

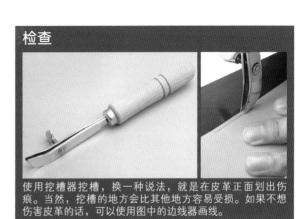

使用挖槽器挖槽，换一种说法，就是在皮革正面划出伤痕。当然，挖槽的地方会比其他地方容易受损。如果不想伤害皮革的话，可以使用图中的边线器画线。

■ 使用菱錾打出缝线孔

使用挖槽器挖出缝线槽，然后用菱錾打孔。

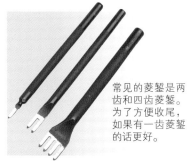

常见的菱錾是两齿和四齿菱錾。为了方便收尾，如果有一齿菱錾的话更好。

垂直拿着菱錾，使用木槌从正上方敲打。如果菱錾斜着的话，背面会出现错位。

基本的打孔方法

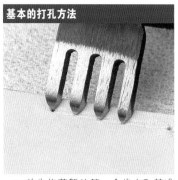

1 首先将菱錾的第一个齿尖和基准点对齐，试着量一下距离，看看间隔。

2 这两个基准点之间的距离正好适合四齿菱錾，可以直接打孔。

3 如果到下一个基准点的距离较远，也要按照同样的方法测量距离。测量时，和起始处的基准点相隔一个孔的距离。

4 继续测量距离并留下印记，每次要有一个孔重叠。

5 到下一个基准点为止距离正好吻合。但是，因为最后一个孔会和基准点重合，所以要换用两齿菱錾敲打。

检查

菱錾有不同的齿距。日本Craft社为大家提供了齿距为1.5mm、2mm、2.5mm的工具。菱錾的齿距会影响缝线时针迹的大小，可以根据喜好区分使用。菱錾的齿距越小，缝线孔越是密集，针数自然也会增加。每一种齿距都有一齿、两齿、四齿的工具，甚至还有六齿和十齿的工具。熟练灵活地使用这些工具，可以打出令自己满意的孔。

测量完距离后，使用菱錾打孔。在打孔的时候，一定要在下面铺上橡胶板。

6

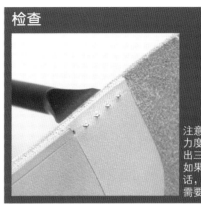

检查

注意敲打菱錾的力度，在背面露出三角尖即可。如果用力过猛的话，孔会变大，需要注意。

7 注意不要在基准点上打孔。基准点可以直接使用圆锥扎出来的孔。

8 从基准点开始，隔一个孔位继续打孔。敲打时注意不要偏离缝线槽。

9 连续敲打时，最后一个孔要和下一组的第一个孔重叠。

10 在使用四齿菱錾打孔的时候，在距离基准点五孔左右的地方停下来，更换为两齿菱錾。

11 使用两齿菱錾测量一下距离。

12 使用两齿菱錾确认距离后，就可以准确无误地打出完美的孔。

13 使用两齿菱錾打孔的时候，每次要有一个孔重叠，同时不要偏离缝线槽。

14 一直到基准点的前一个孔为止，打出缝线孔。

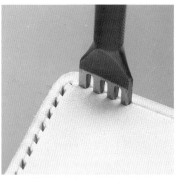

15 跳过基准点，在另一边打孔。

16 直线部分使用四齿菱錾敲打。如果有六齿或者十齿菱錾的话，能够快速且美观地打出笔直的缝线孔。

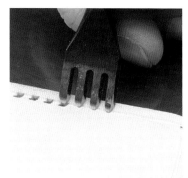

17 一旦接近基准点，确认距离。

18 使用四齿菱錾确认距离。可以用四齿菱錾敲打至图示位置。

19 然后使用两齿菱錾确认距离，这里正好吻合，可以直接敲打。

20 图为打孔至基准点的情形。从这里起，像步骤15那样跳过基准点继续敲打。

21 以相同的手法，打孔到最后。孔数不吻合的情况，请参照p.87的内容。

距离和菱錾不吻合时

1 基准点之间距离较短且和齿距不吻合时，从基准点开始调整距离。

2 将两齿菱錾的一齿放在基准点上，轻轻地留下印记。注意不要用力过度。

3 每次重叠一个孔，继续测量距离并添加印记。因为基准点之间的距离和孔数不吻合，所以最后一个孔没有和另一个基准点重叠。

4 然后将两齿菱錾的一齿放在另一个基准点上，轻轻地留下印记，和刚才留下印记的位置不同。

5 重叠一个孔，继续测量距离并留下印记。当然这个印记也和之前的印记错开了。

6 使用一齿菱錾在这两个印记之间打孔。这个孔就是缝线孔。

7 使用一齿菱錾打孔时，注意间距和孔的走向。

8 继续测量距离并打孔到还剩下五孔左右的位置。

9 使用两齿菱錾测量其到基准点的距离。

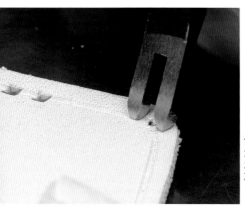

使用两齿菱錾测量到基准点时，发现其超过了基准点。

10

POINT

这时，每一个孔稍微重叠一些，一点一点地错开。但是，如果重叠太多的话，会造成缝线孔过大。因此，每一次重叠0.5mm进行调整。

11

12 通过一点一点地重叠，到基准点时，位置正好吻合。

13 图为打好所有的缝线孔之后的状态。打孔质量的好坏，直接影响作品的品质。呈直线打孔的重要性自不必说，孔距的均匀性也是很重要的。

使用间距轮和菱锥打孔

下面介绍第二种打孔方法，即使用间距轮和菱锥打孔。基本方法和使用菱錾打孔一样，首先使用间距规在皮革背面画出基准线，然后使用圆锥在基准点上扎孔，接着使用挖槽器挖出缝线槽。使用间距轮沿着缝线槽压出缝线孔的印记，再使用菱锥在印记上打孔。使用菱锥打孔时，可以处理好每一个孔。

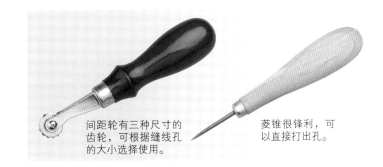

间距轮有三种尺寸的齿轮，可根据缝线孔的大小选择使用。

菱锥很锋利，可以直接打出孔。

■ 在背面画线，确定基准点

使用间距规在作品背面画线，然后使用圆锥扎出基准点。

1 把间距规设定为3mm，在作品背面画上取基准点用的基准线。

2 使用圆锥在有高低差的地方和拐角处打孔，这就是基准点。

3 这是定好基准点的状态。不同的作品有不同的基准点，需要仔细考虑。

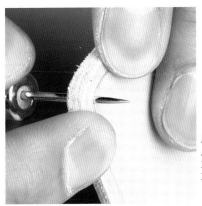

从正面用圆锥扎入基准点将孔扩大。注意不要扩大太多。

4

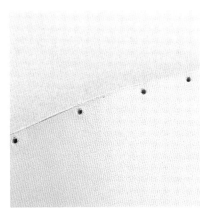

这是扩大后的基准点。因为它比菱錾打的孔小，缝线后针孔不明显，看起来更加漂亮。

5

■ 使用挖槽器挖出缝线槽

使用挖槽器在皮革正面挖出缝线槽。

首先把挖槽器的宽幅调整为3mm。保持一定的角度，向自己的方向拉。

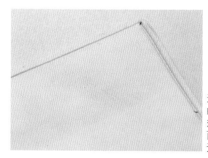

这是挖好缝线槽的状态。如果不想损伤皮革表面，也可以使用边线器画线。

■ 使用间距轮添加印记

沿着缝线槽滚动间距轮，添加缝线孔的印记。

POINT

把作为起点的基准点和间距轮的一个齿对齐。

1

垂直地拿着间距轮，向前推着使用。

2

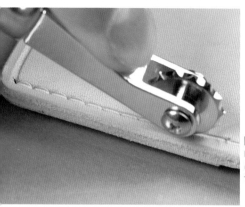

随着间距轮齿轮的转动，可以压出间距相等的印记。

3

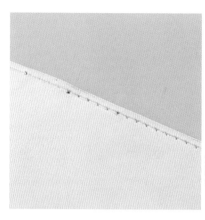

这是使用间距轮压出的间距均匀的印记。

4

检查

有时也会出现间距轮的齿轮和下一个基准点不吻合的情况，这个时候有必要进行修正。

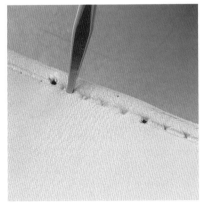

修正的时候，可以使用平锥在两个基准点之间压出间距均匀的印记。

5

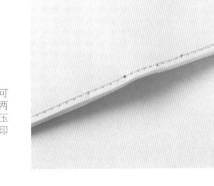

这是在缝线槽上添加了印记的情形。在印记上，使用菱锥一个一个地打孔。

6

■ 使用菱锥打孔

使用菱锥在印记上扎孔，注意缝线孔的方向要保持一致。

检查　　**菱锥的使用方法**

紧紧地握住菱锥的手柄，在印记上垂直地扎孔。注意锥刃的方向要保持一致。

1 认真地使用菱锥扎好每一个孔。

2 垫在橡胶板上扎孔的话，在另一面会出现图中所示的小孔。因为稍后需要穿透缝线孔，可以把这个孔看作引导孔。

3 如果锥刃方向一致的话，会打出像左侧图片那样整齐的孔。在有高低差的部分，为避免出现斜孔，要垫上皮垫。

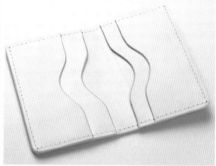

4 这是在作品四周打好孔的状态。虽然比用菱錾打孔花时间，但是可以仔细地处理好每一个孔。只需按要求操作，便可以打出漂亮的缝线孔。添加印记时，也可以用菱錾代替间距轮。

借助手缝木夹穿透缝线孔

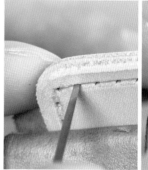

1 把打好孔的作品固定在手缝木夹上，以这种状态再次使用菱锥扎孔。

2 沿着相同的方向再次将菱锥扎入在橡胶板上打好的缝线孔，完全穿透。如果菱锥的方向不同的话，缝线孔的形状会产生变化，需要注意。

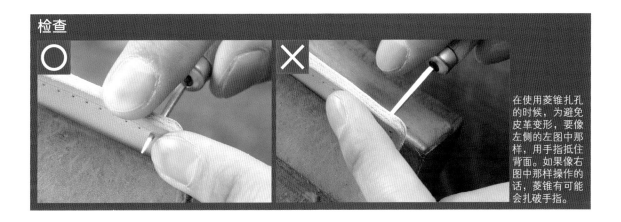

检查

在使用菱锥扎孔的时候，为避免皮革变形，要像左侧的左图中那样，用手指抵住背面。如果像右图中那样操作的话，菱锥有可能会扎破手指。

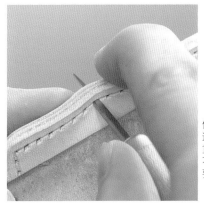

使用菱锥彻底穿透缝线孔。皮革重叠的部分锥刃不容易穿透，需要格外注意。

3

基准点以外的缝线孔，全部使用菱锥穿透。如果锥刃不够锋利的话会不好用，这时需要磨刃。

4

这是穿透后的缝线孔的背面。如果菱锥不够锋利的话，孔的周围会出现较明显的凸起。

5

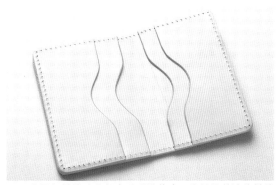

6 这是把缝线孔全部穿透后的状态。这是沿着边缘缝线的类型，缝线的方法后面会介绍。

使用菱錾和菱锥打孔

下面介绍第三种打孔方法，即使用菱錾和菱锥打孔。这种方法在处理侧边条时很有效。首先，在粘贴前，使用菱錾在主体部分打孔。把侧边条部分粘贴好后，再使用菱锥穿透。在这里，我们还为大家介绍弧线部分的打孔方法。弧线部分的打孔方法和前文中使用菱錾打孔的方法是相同的。

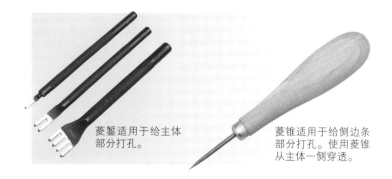

菱錾适用于给主体部分打孔。

菱锥适用于给侧边条部分打孔。使用菱锥从主体一侧穿透。

■ 使用菱錾在主体部分打孔

首先使用菱錾在主体部分打出缝线孔。

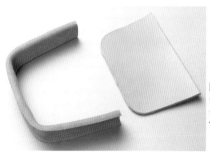

图中左侧是侧边条部分，右侧是主体部分。使用菱錾在主体部分打孔。

1

在主体部分的正面，使用挖槽器在距离边缘3mm的地方挖出缝线槽。

2

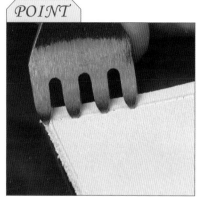

POINT

因为缝线要包住边缘，测量距离时要把一齿留在外边。

3

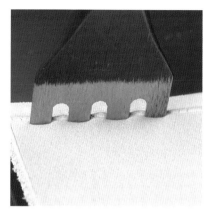

按照测量距离时留下的印记，使用菱錾打孔。直线部分按照基本的打孔方法，每次重叠一个孔不断向前打孔。

4

■ 弧线部分的打孔方法

弧线部分通常使用两齿菱錾打孔。

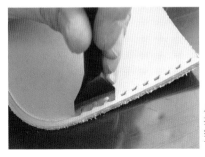

从直线部分开始打孔，在快到弧线部分的时候停下来。

用菱錾试着比一下，确认从哪个孔开始方向发生偏转。

使用两齿菱錾打孔

1 使用两齿菱錾沿着缝线槽测量距离。

2 每次都重叠一个孔，测量距离并留下印记。菱錾的齿尖务必落在缝线槽上。

3 弧线较陡的转角处注意不要偏离缝线槽。

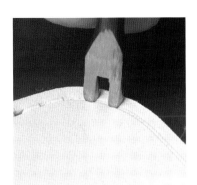

4 每次重叠一个孔，准确地测量距离并留下印记。

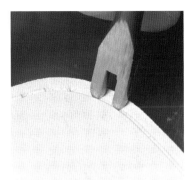

5 弧线的最后部分和直线连接。准确地在缝线槽上添加印记。

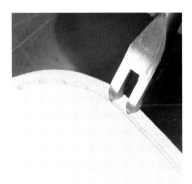

6 较缓的弧线部分也要规规矩矩地添加印记。

7 完全和直线连接在一起了。弧线部分的打孔效果，直接影响作品的品质。

8 为了在弧线部分打出漂亮的缝线孔，使用两齿菱錾沿逆时针方向打孔。

9 每次重叠一个孔，沿逆时针方向打孔。如果沿顺时针方向打孔的话，缝线孔有可能偏离缝线槽。

10 沿逆时针方向打孔的话，不容易影响重叠敲打的孔，可以打出漂亮的孔。

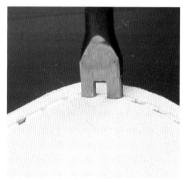

11 弧度较陡的部分，注意让菱錾的齿尖对齐缝线槽。

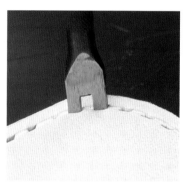

12 为了不偏离缝线槽，一边注意角度，一边打孔。

13 通过了弧线部分，和直线部分相连接。

14 图为主体部分打好孔的状态。弧线部分的孔，如果处理不好的话，就不会打出漂亮的缝线孔，缝线便会不整齐，作品的外观也会不理想。

检查

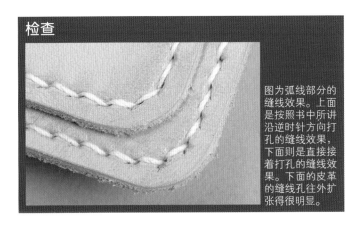

图为弧线部分的缝线效果。上面是按照书中所讲沿逆时针方向打孔的缝线效果，下面则是直接接着打孔的缝线效果。下面的皮革的缝线孔往外扩张得很明显。

使用一齿菱錾打孔

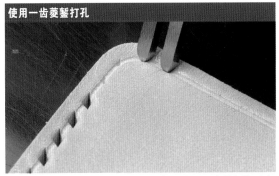

1 使用两齿菱錾添加印记，方法和使用两齿菱錾打孔相同。图中所示弧线部分需要打两个孔。

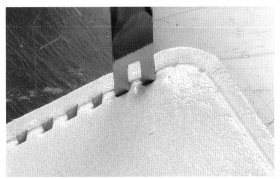

2 使用两齿菱錾一直敲打到弧线部分。虽然可以继续使用两齿菱錾敲打，但如果使用一齿菱錾敲打的话，可以调整出更加细小的角度。

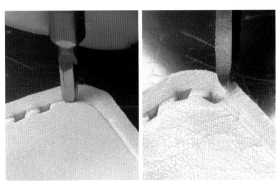

3 将一齿菱錾放在缝线槽上，微妙地调整角度敲打。菱錾的方向保持一致的话，缝线效果会很好。

4 使用一齿菱錾敲打弧线部分的缝线孔。弧度较陡的弧线最适合使用这种方法打孔。

■ 使用菱锥在侧边条部分打孔

把侧边条部分和主体部分粘贴在一起，然后在侧边条部分打孔。

把打好孔的主体部分和侧边条部分粘贴在一起。粘贴时使用磨边棒压实。

1

使用间距规在侧边条部分的正面画一条基准线。

2

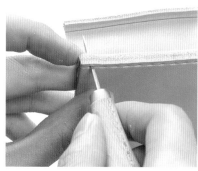

将菱锥扎入主体部分的孔，扎透侧边条。

3

4 在使用菱锥扎孔的时候，为避免皮革变形，用手指抵住另一侧。从侧边条扎出时不要和主体的孔错开，保持菱锥的角度。

在侧边条部分打好孔的状态。类似这样不方便垫上橡胶板、很难使用菱錾打孔的情况，使用这种方法很方便。

5

■ 不同的缝线孔和不同的手缝线

尝试使用不同粗细的麻线缝合不同齿距的菱錾打的孔。

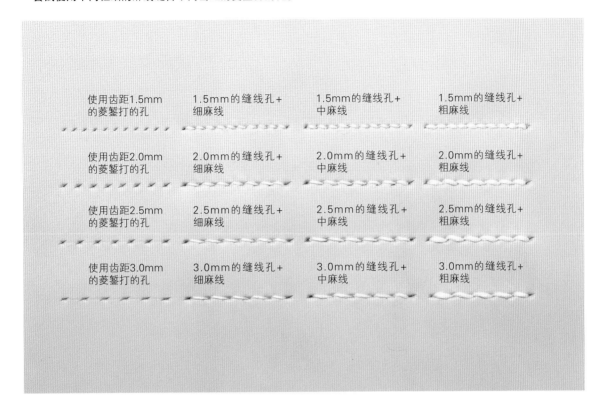

使用齿距1.5mm的菱錾打的孔	1.5mm的缝线孔+细麻线	1.5mm的缝线孔+中麻线	1.5mm的缝线孔+粗麻线
使用齿距2.0mm的菱錾打的孔	2.0mm的缝线孔+细麻线	2.0mm的缝线孔+中麻线	2.0mm的缝线孔+粗麻线
使用齿距2.5mm的菱錾打的孔	2.5mm的缝线孔+细麻线	2.5mm的缝线孔+中麻线	2.5mm的缝线孔+粗麻线
使用齿距3.0mm的菱錾打的孔	3.0mm的缝线孔+细麻线	3.0mm的缝线孔+中麻线	3.0mm的缝线孔+粗麻线

　　前面我们介绍了代表性的缝线孔的打孔方法。正如前文介绍的那样，缝线孔如果打得不够漂亮，就不会缝出漂亮的缝线。前面介绍的是最基本的打孔方法，当然还有其他各种各样的打孔方法和工具。缝线孔的敲打方法、间距等，可以根据制作者的喜好和对作品的设想而定。在尝试各种方法的过程中，肯定能够找到适合自己的方法。用来打孔的菱錾、菱锥等工具，每个人的具体使用方法都有所不同。

　　菱錾的齿距和手缝线的粗细，通常由皮革的厚度决定。如果是薄皮革的话，要使用齿距较小的菱錾和细麻线。皮革变厚，菱錾的齿距加大，所用的手缝线变粗。菱錾的齿距不同，缝线孔自然不同，加上实际缝合时所用的麻线不同，作品的外观会有很大变化。看上图就会明白，在缝制相同的作品时，缝线孔的大小和手缝线的粗细不同，即使缝出相同的长度，也会产生巨大的差异。粗略地讲，小孔和细线会使作品较为精致；大孔和粗线会使作品较为粗朴。

　　想好想要做成的效果后，选择合适的菱錾和手缝线，巧妙地运用在自己的作品上。

麻线的基本缝制方法

手缝皮革最常用的是中号麻线。这种麻线没有上蜡，所以在使用之前需要上蜡。如果不上蜡的话，针脚很容易松开，另外，在线穿过皮革时，由于摩擦，麻线很容易受损。除了麻线以外，常用的还有尼龙线，除了最后的收尾方法以外，用法基本上和麻线是一样的。

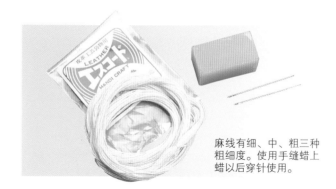

麻线有细、中、粗三种粗细度。使用手缝蜡上蜡以后穿针使用。

■ 使用之前的准备

麻线通常不能直接使用，需要在使用前缠成团。

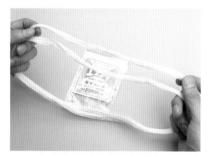

1 从袋子里拿出来的时候，麻线是这样的。

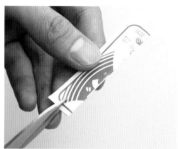

2 把装在袋子里的纸取出，折起来用作线芯，剪出一个用来夹麻线的刀口。

3 解开系着的线结，线结较紧的话，直接剪开。

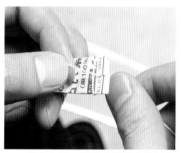

4 把线头的一端卡在线芯上剪好的刀口里，开始缠线。

5 把麻线撑在腿上，这样缠线的话，不容易缠乱。

6 把麻线缠在线芯上的状态。从线团上剪下需要的长度使用。

■ 准备好麻线

在使用之前，有必要事先给麻线上蜡。

检查 　**确定使用的麻线长度**

麻线长度以缝合距离的4倍为佳。皮革的厚度和缝线孔的密度不同，所需麻线的长度会产生变化，所以在缝合厚皮革时事先多预留一些为好。

在长距离缝合时，考虑缝合的便利性，麻线长度以双臂打开的长度为宜。

给麻线上蜡

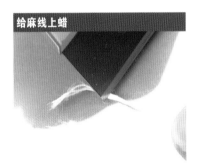

1 把线头打散，放在玻璃板上，用替刃式裁刀刮薄。

2 用替刃式裁刀把线头的前端刮薄。两头都要进行。

3 把线贴在手缝蜡上，用毛巾垫着，不断拉线。

检查

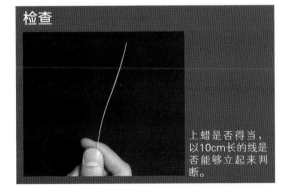

上蜡是否得当，以10cm长的线是否能够立起来判断。

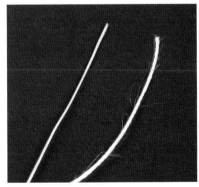

左侧是上蜡后的状态，右侧是上蜡前的状态，其差异一目了然。

4

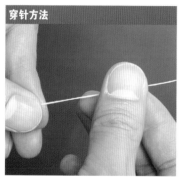

穿针方法

1 首先，用手把上好蜡的麻线两端搓细。因为刚才已经刮薄了，应该很容易搓细。

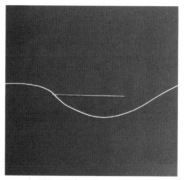

2 把搓细的线头穿过针孔，线头留出大概针的两倍的长度。

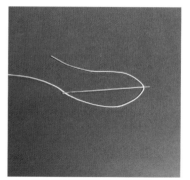

3 用针尖穿刺线头的中间部位。

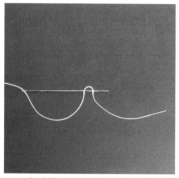

4 穿过线以后，按照图示再次用针尖穿刺线头。

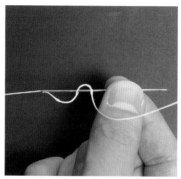

5 把穿在针上的线头向针孔方向拉过去。

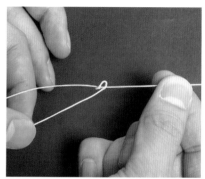

6 拉到针孔时，拉紧线头。

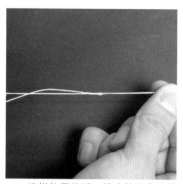

7 这样拉紧的话，线头就不会从针孔脱落。

8 把两根线搓在一起，再次上蜡。另一侧的线头也同样操作。

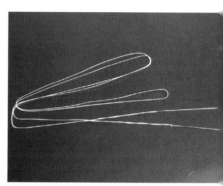

9 这是在线的两头分别穿针后的状态。到此为止，手缝的准备工作做完了。

■ 基本的手缝方法

这里使用麻线缝制，起点处要缝两遍。

手缝的时候，如果有手缝木夹的话会很方便。将作品固定在木夹上，使正面出现在右侧。

1

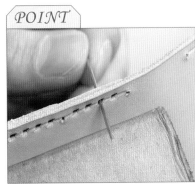

POINT

这个作品的缝合起点有高低差。高低差部分要缝两遍。将手缝针插入起点处第三个孔。

2

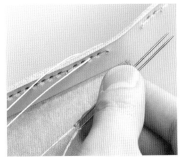

3 将针穿过缝线孔以后，将线拉至中心点，使左右两边的线的长度尽可能一样。

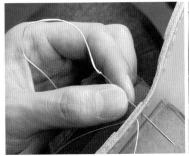

4 首先向起点方向缝。从作品的左侧（背面）入针，出针时把右侧的针垫在下面，用右手捏住两针的交叉点，拔出左侧的针。针和针的重叠方法如果不一致的话，针脚的规律会被打乱。

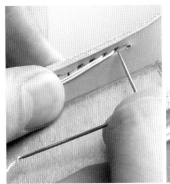

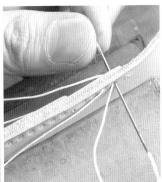

用右手捏好呈十字交叉的针，避开缝线孔内的线，将右侧的针插入同一个缝线孔的右侧。用左手捏住针并拔出。

5

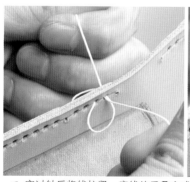 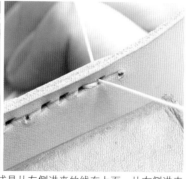 

6 穿过针后将线拉紧。麻线的重叠方式是从左侧进来的线在上面，从右侧进来的线在下面。麻线的收紧力度要保持一致。

7 拉紧麻线后，从左侧向后面一个缝线孔入针。

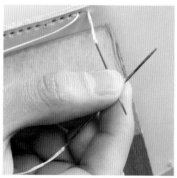 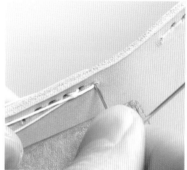

8 把从左侧进来的针放在上面，右侧的针放在下面，呈十字交叉拔出针。

9 捏好呈十字交叉的针，将右侧的针穿过相同的缝线孔。为了避免针扎在线上，入针时拉紧左侧过来的线，将针插入缝线孔的右侧。两侧的麻线穿过后拉紧。

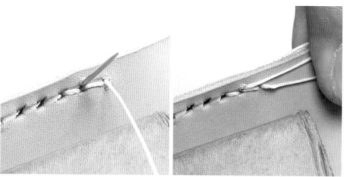 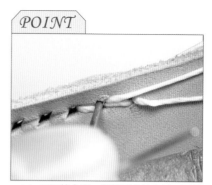

10 从这里开始往相反方向缝。从左侧入针，麻线要从刚才缝过的线的上面穿过。将线拉向起点侧，右侧的针避开缝线孔中的麻线，在缝隙处入针。

11 双重缝合时，麻线不容易穿过，要注意不要扎到孔中的麻线。针要从已经缝好的麻线上方穿过。

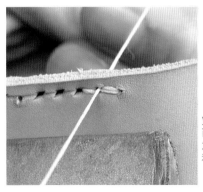

穿过线之后向两侧拉紧。注意针迹不要斜着交叉。

12

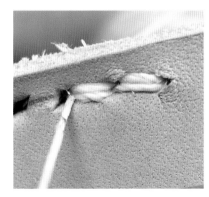

下一个孔也按照同样的方法缝合。两重线要整齐地排列在一起。

13

■ 一般的平针缝

平针缝时，注意麻线的重叠方向和拉紧时的力度。

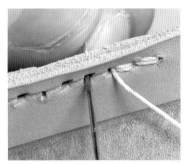

1 从左侧（背面）入针，这是平针缝的基本原则，与缝合的方向无关。

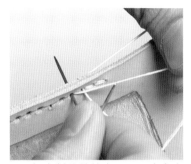

2 把右侧的针放在下面呈十字交叉，拔出针后将右侧的针扎入相同的孔。

3 穿过线之后，向两侧拉紧。正面形成方向一致的针迹。

检查

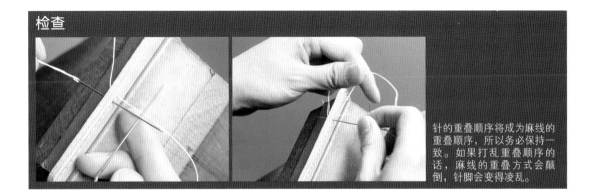

针的重叠顺序将成为麻线的重叠顺序，所以务必保持一致。如果打乱重叠顺序的话，麻线的重叠方式会颠倒，针脚会变得凌乱。

■ 高低差部分的缝合方法

粘贴好的高低差部分要使用双重缝合法来加固。

这里是从左侧（背面）看的效果。首先按照正常的缝合方法从左右两侧穿过线。

1

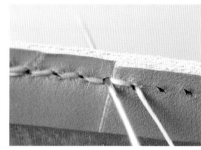

穿过麻线后，把出现在左侧的线从相邻的缝线孔穿回去。

2

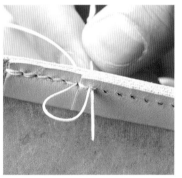

3 用同样的方法将右侧的麻线从相邻的缝线孔穿回去。注意不要扎到先前缝过的麻线。

4 注意麻线不要交叉，拉紧。

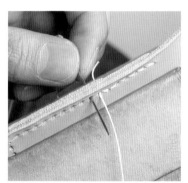

5 继续从左侧把针穿过前面的孔，按照基本的手缝方法向前缝合。

■ 基本的收尾方法

收尾时采用双重缝合法。在倒数第二针打结，用白胶粘好。

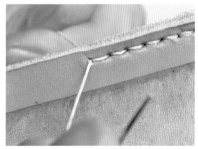

缝到最后一个孔，再反向缝回。

1

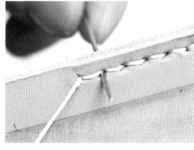

麻线要从刚才缝过的麻线上方穿过，针从左侧扎入。拔不出针的情况下，不要晃动针，使用钳子拔出。

2

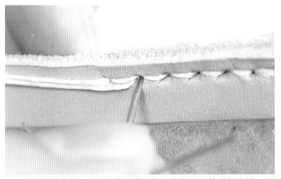 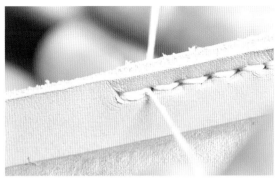

3 从右侧穿针。不太容易穿过，注意不要把针弄断。另外，注意不要扎到刚才穿过的麻线。

4 穿过线后，从两侧拉紧麻线。注意针迹不要交叉。

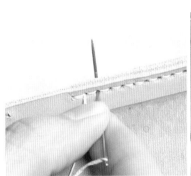 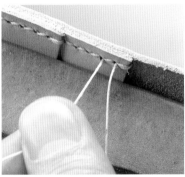 

5 在倒数第二针收尾。收尾的时候，让针从右侧穿过。这样，左侧（背面）会呈图示状态。

6 把步骤5穿过来的线绕在先穿过来的线的下方。

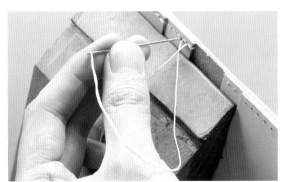 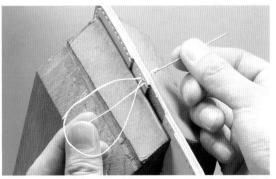

7 把麻线围着先穿过来的线绕一圈，把针扎回刚才的缝线孔。

8 就这样把线穿回另一侧（正面），等于从一根线做成的线圈中穿过另一根线。

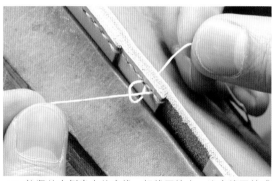

9 拉紧从右侧出来的麻线，把线圈缩小。这个线圈就成为收尾的结。

POINT

10 在打结的地方涂上白胶。使用圆锥的尖蘸一点白胶，涂在线圈的内侧。

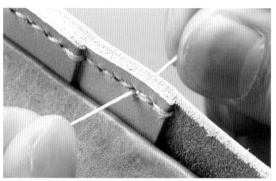

11 涂上白胶后，从两侧拉紧。让所打的线结进入到缝线孔中。只要麻线不松动，这个线结是不会散开的。

12 把多出来的麻线贴着缝线孔剪掉。如果露出线头的话，很不美观，因此注意长度。

13 剪掉麻线后，在线头处涂上白胶，这样线头就不会散开。注意不要涂抹得过多。

14 这是缝完之后的状态。针迹很整齐，看起来很美观。

■ 针迹的处理

缝完之后，整理针迹可以让缝线看起来更加漂亮。

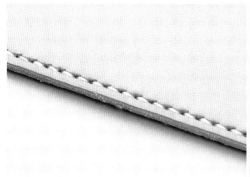
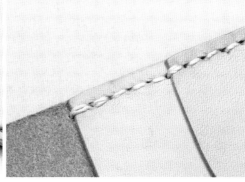

缝完之后，麻线会稍微突出皮革一些。如果不做进一步处理的话，麻线很容易被磨断。

1

使用木槌的侧面轻轻地敲打，使皮革和麻线融为一体。敲打时，注意不要损伤皮革表面。这样可以让麻线充分地融入皮革，不再突起。

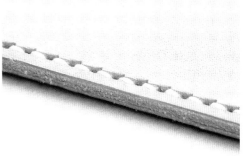

2

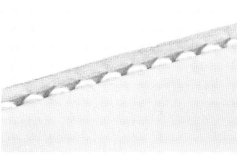

使用木槌敲打后，可以再使用间距轮压一遍，这样针脚会更加松紧有度，外观看起来也会更漂亮。

3

■ 麻线的接线方法

下面介绍缝合途中麻线不足时的接线方法。

1 在缝制长距离的作品的时候，会出现中途麻线不足的情况。

2 在麻线不足的地方，按照图示在边缘打个结。

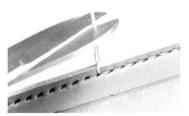

3 因为多余的线头会碍事，在结不散开的前提下，把多余的麻线剪断。

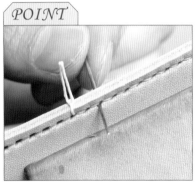

POINT

从停止缝线的地方向后退两个孔穿入新线。

4

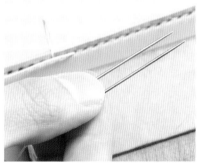

像平常缝线那样，将线拉至中心点，使左右两边的线的长度尽可能一样。

5

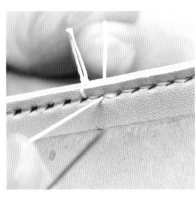

像一般的平针缝那样，从不足的麻线下方穿过。

6

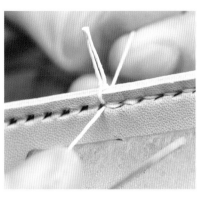

就这样穿过麻线不足的缝线孔。

7

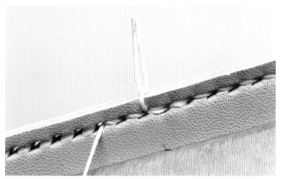

8 继续向前缝两针后，暂时停下来。把麻线不足的地方的线头处理好。

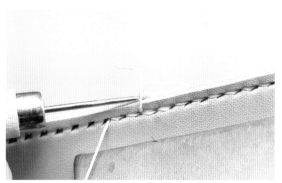

9 把刚才打的结解开。因为并没有系得很紧，所以使用菱锥就可以挑开。

10 解开线结后，会呈现图中所示的状态。

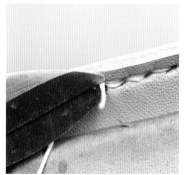

11 紧贴着皮革把线剪断，注意线头不要留长。

12 在线头处涂上白胶。至此，接线完成。

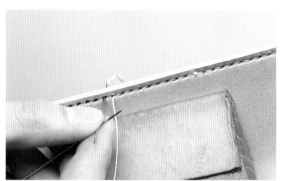

13 之后，按照基本的手缝方法缝制。除了收尾方法以外，化纤线的接线方法也是如此。

14 接续麻线和收尾时的处理方法是相同的。在使用双臂长度的线缝制时，接线方法是必要的技术。

螺纹线的基本缝制方法

螺纹线原本是使用鹿等动物的肌腱纤维制成的天然线材，现在一般是锦纶材质的。这种线不适用于缝纫机，所以多用于手缝。除了螺纹线以外，还有尼龙线和涤纶线等化纤线，但是基本的使用方法是相同的。化纤线很多都是上好蜡出售的。

螺纹线基本上都是上好蜡销售的。因为可以劈开使用，所以可以根据需要劈成合适的粗细。

■ 使用之前的准备

螺纹线可以劈成需要的粗细度使用。

这种线是由三股线合成的。找出可以劈开的地方，劈开使用。

1

螺纹线可以整根使用，也可以取其中的一股或两股使用。根据缝线孔的大小、间距选择。

2

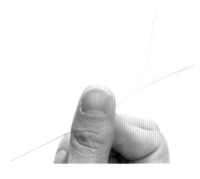

确定好所使用的股数后，把线搓成一根。

3

螺纹线的穿针方法和p.102介绍的麻线的穿针方法相同。

4

■ 使用螺纹线缝合一周

下面介绍使用螺纹线缝合一周的方法，基本和麻线相同。

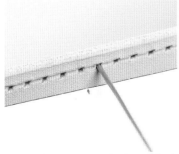

1 缝合起点可以根据个人喜好决定，但要尽量避开拐角或者缝起来吃力的地方。

2 把针穿过起始处的缝线孔。针一般是从左侧（背面）穿入。

3 穿入针后，双手持针，将线拉至中心点，使左右两边的线的长度尽可能一样。

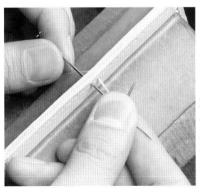

从左侧把针穿入前一个孔，把右侧的针放在下方呈十字交叉状，用右手捏住，拔出左侧的针。

4

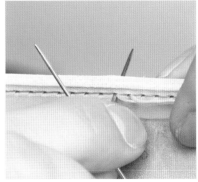

保持十字交叉的状态，用右侧的针扎回相同的孔。

5

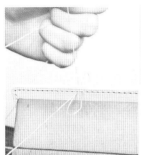
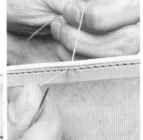

6 用左手接住针并拔出，将两侧的线拉紧。缝合一周时，没有必要在开始的时候双重缝合。

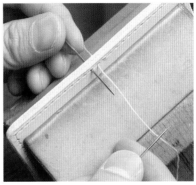

按照同样的方法继续缝合。注意不要弄乱线的上下顺序。

7

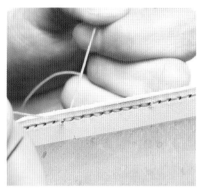

螺纹线虽然细，但是有很强的韧性，所以如果拉得太紧的话，线会过度陷入皮革，需要注意。

8

在有高低差的部分，要双重缝合。只需把左侧的线穿过高低差处的缝线孔两次即可。

9

■ 螺纹线的基本收尾方法

下面介绍螺纹线缝完一周后的收尾方法。

缝完一周时，到达起点的前一针。

1

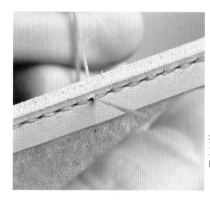

按照基本的手缝方法缝到起点处的针孔。

2

继续缝下一个孔。如果针不容易进入的话，可以使用平锥把孔稍微撑大一些。

3

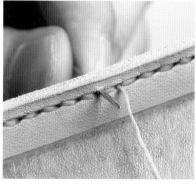

从左侧将针插入撑大的孔。因为使用的是螺纹线，针很容易穿过，注意不要扎到先前缝制的线上。

4

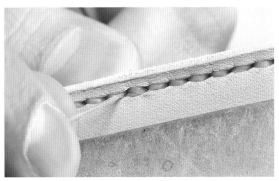
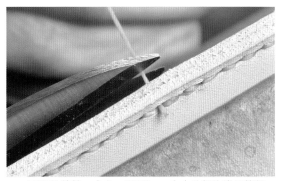

5 右侧也要继续缝制。起点处的一针缝两重线。如果使用麻线的话，在下一个孔收尾。

6 再重叠着缝一个孔，留下2mm左右的螺纹线后剪断。如果留得过长的话，会留下很明显的烧过的痕迹。

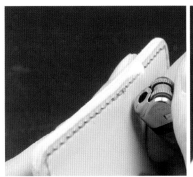
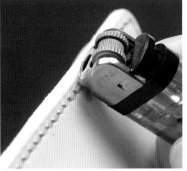
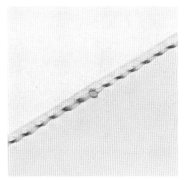

7 使用打火机把留下的2mm的线烧化。一旦线烧化了，立即压平。如果火苗太大的话，会在皮革表面留下焦痕，或者是把缝好的线烧断，需要注意。

8 烧完会出现一个小圆点，尽可能地让它不显眼才好。

9 这是使用螺纹线缝完一周后的样子。有独特的缝线效果，手工的味道十分强烈。另外，比起麻线，螺纹线具有很好的强度，成品更结实耐用。

检查

螺纹线的针脚也要使用木槌轻轻地敲打，注意不要伤到皮革。

缝合后的边缘处理

缝完之后，有必要对缝合部分的边缘进行处理。处理边缘所使用的工具和方法，和p.55起介绍的"床面和边缘的处理方法"是相同的。但是，受缝线的影响，缝合后的边缘会向外膨胀，从而变得凹凸不平。首先针对凹凸不平的地方进行削边处理，尽可能地把边缘处理得整齐。

1 缝合后变得凹凸不平的地方，可以使用砂纸板、三角研磨器等工具打磨整齐。为了让针迹与边缘的距离均匀，需要使用较大的面来打磨。

检查

缝合会使边缘起伏不平，这时可以使用小刨子一点一点地削平。注意不要削得太过。

2 缝合所导致的边缘突出，可以先使用削边器进行处理。

3 削边处理完成后，使用砂纸板把边缘打磨圆润。

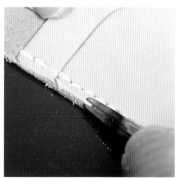

4 背面也用同样的方法削去棱角。有高低差的部分，不能使用削边器处理。

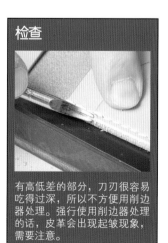

检查

有高低差的部分，刀刃很容易吃得过深，所以不方便使用削边器处理。强行使用削边器处理的话，皮革会出现起皱现象，需要注意。

5 有高低差的部分，应使用砂纸板打磨平整。

6 使用砂纸板将边缘打磨到图中所示程度。

7 使用棉棒蘸取皮革床面处理剂涂抹在边缘处，注意不要把处理剂弄到皮革正面上。

8 从背面开始打磨，有高低差的部分要格外小心。

9 然后从正面开始打磨。打磨方法和缝合之前相同。

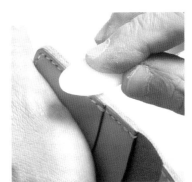

10 接着打磨边缘的断面。如果用力过度的话，会导致边缘松散。

11 最后使用帆布打磨收尾。一直打磨到出现光泽为止。

检查

通过反复打磨，边缘会变得更美观。用帆布打磨后，继续用砂纸板打磨，然后重复步骤7之后的操作。

12 这是打磨好边缘的状态。

13 有高低差的部分，完成后应是图中这样的效果。刮到的时候也不会开胶分离，粘贴得很结实。

铬鞣革的缝制方法和边缘处理

下面介绍柔软的铬鞣革的缝制方法。基本方法和前文介绍的单宁酸鞣制的皮革相同，但因其柔软的特性，需要用到特别的技巧。缝合时，把握好拉线的手劲是非常重要的。如果太用力的话，会出现褶皱。另外，铬鞣革的可塑性不好，不能使用床面处理剂处理边缘。因此，缝完之后要涂抹边油润饰。它和单宁酸鞣制的皮革做成的作品风格不同。

■ 打孔和缝制

柔软的皮革在拉紧手缝线的时候，特别需要注意力度。

使用的针、线等工具，基本上和单宁酸鞣制的皮革相同。步骤中使用的是麻线，也可以使用化纤线。

1 使用银笔在粘贴位置做个记号。粘贴后，银笔做的记号正好被遮住。

2 在待粘贴的两面均匀地涂抹上胶水。这里使用的是白胶。

3 使用间距规画线。即使是较厚的皮革，也不可以使用挖槽器。

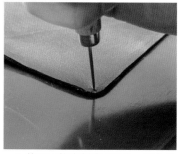

4 使用圆锥在基准点打孔。因为是柔软的皮革，注意不要把孔打得过大。

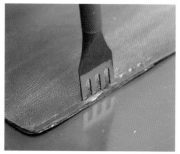

5 使用菱錾打出缝线孔。打孔时，菱錾一定要垂直于皮面。

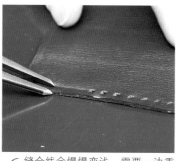

6 缝合线会慢慢变浅，需要一边重新画线一边打孔。

7 这是打完孔之后的状态。孔不像单宁酸鞣制的皮革那样清楚，需要格外注意。

8 把针和线穿入缝线孔缝合，方法和p.100开始的单宁酸鞣制的皮革相同。

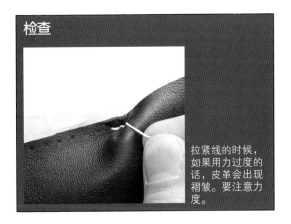

检查

拉紧线的时候，如果用力过度的话，皮革会出现褶皱。要注意力度。

9 以皮革不起皱的力度拉紧缝线，整齐地缝合。

10 每一个缝线孔都要整齐地缝合，这和缝合布料的要领相同。

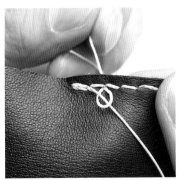

11 最后要进行回针缝。打结时让线结出现在背面。

12 在打结处的线圈上涂上白胶。注意不要涂得过多。

13 拉紧两边的线收紧所打的线结。注意不要拉得过紧。

14 把多余的线剪断，在线头上涂上白胶。

15 缝完之后，使用木槌轻轻地敲打缝合线。因为是柔软的皮革，注意不要敲打过度。

16 缝完之后的状态。力度不同，缝出的效果也不同。缝合铬鞣制的皮革比单宁酸鞣制的皮革要难。

■ 边缘的处理

使用边油来处理边缘。

边油不会渗透到皮革里，会在外面形成固定的一层，因此比较适合处理铬鞣革的边缘。

1 使用海绵之类的东西充分蘸取边油在边缘处涂抹。第一遍是打底。

2 等边油彻底干燥后，使用砂纸板把表面打磨均匀。

3 表面打磨平整之后，再次涂抹边油。涂抹时注意不要溢出。

4 均匀地涂上边油后，已经看不到皮革的颜色，边缘变硬。

5 这是彻底干燥后的状态。因为涂抹后不再做进一步的处理了，所以尽可能地涂抹得漂亮。

皮线锁边

把皮革裁切成细细的皮线，包住作品的边缘缝一周，这就是皮线锁边。皮线锁边是一种装饰作品的技法，比手缝更加广为人知，可以让人们体验到手工皮革的真谛。下面我们介绍卷针锁边和双重锁边的基本技法。

通过皮线锁边，营造出变化感

皮线锁边有时用来代替一般的手缝，有时只是用来装饰。使用皮线锁边完成的作品，给人的印象和手缝截然不同。用皮线把边缘包住，使作品具有立体感和存在感，这是皮线锁边的独特之处。皮线锁边有多种方法，每种方法各有千秋。锁边技法可以给作品带来各种各样的变化。

皮线锁边对作品的外观有很大的影响，要仔细地完成。本章节除了介绍皮线锁边的基本技巧之外，还介绍粘贴和打孔时的注意事项。为了完成漂亮的作品，要从锁边之前的准备阶段开始，逐步按照正确的方法进行操作。每一道细微的工序，都将成为决定作品好坏的关键。

使用的工具

下面介绍皮线锁边所用的工具。平錾和圆孔冲要根据使用的皮线来选择合适的型号。掌握不同齿数的平錾的使用方法，有助于顺利打孔。另外，皮线和皮线针有各种各样的尺寸，要选择相对应的尺寸。除此之外，还需要准备橡胶板、玻璃板等物品，并在本色皮线上涂抹皮革保护剂。

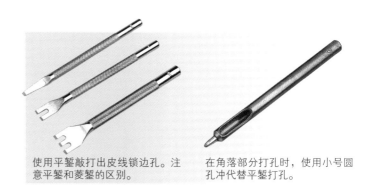

使用平錾敲打出皮线锁边孔。注意平錾和菱錾的区别。

在角落部分打孔时，使用小号圆孔冲代替平錾打孔。

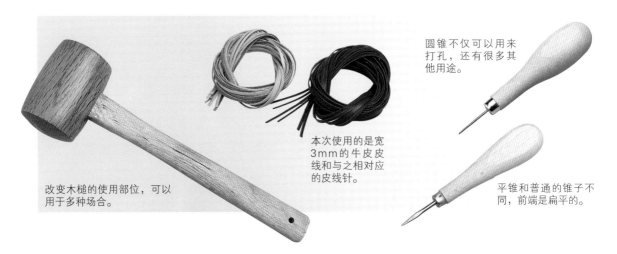

改变木槌的使用部位，可以用于多种场合。

本次使用的是宽3mm的牛皮皮线和与之相对应的皮线针。

圆锥不仅可以用来打孔，还有很多其他用途。

平锥和普通的锥子不同，前端是扁平的。

准备皮线锁边所需要的工具

在进入皮线锁边操作之前，需要把皮革、皮线、皮线针准备好。不同的作品、不同的位置，锁边前的准备工作也会有差异。如果要在作品的边缘锁边一周，粘贴皮革的方法就尤为重要。另外，把皮线穿到皮线针里的方法是通用的，与锁边的种类无关，要事先掌握。

■ 皮革的准备

涂抹胶水粘贴时，需要在锁边的起点位置留2cm左右不涂，然后打磨边缘并画好锁边线。

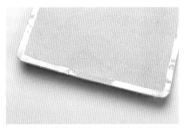

1 需要在作品的四周进行皮线锁边时，在边缘涂上白胶，锁边的起点位置留出2cm左右不涂。

2 需要粘贴的另一面皮革也留出相应位置不涂胶水。

3 图为粘贴好的作品。即使是粘贴的状态，没有涂胶的部分也可以插入平锥。

4 在画上锁边线之前，要事先打磨好边缘。

5 调整好间距规，保持一定的角度向自己的方向画线。线条要浅。

■ 皮线和针的准备

在锁边的过程中，为了不让皮线和针脱离，要将它们固定好。

1 选择型号吻合的皮线和皮线针。这里使用3mm的皮线和针。

2 使用本色皮线的时候，事先涂抹上皮革保护剂，可以防止污损。

3 使用裁皮刀，把皮线的前端斜着切割出尖角。

4 在距离端头1.5cm处，使用裁皮刀将床面削薄。

5 把削薄的皮线前端穿过针孔。为了夹住皮线，皮线针做成了双层结构。

6 把穿过针孔的皮线纵向拧转，紧紧地固定。

7 把皮线针的头部打开，让其夹住皮线。

8 使用木槌轻轻地敲打夹住皮线的部分，使其固定。

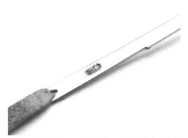

9 从背面可以看到，皮线嵌在了针里。

定好基准点，使用平錾打孔

像卡包的内侧那样有高低差的部分以及弧线部分，要先在基准点处打孔。事先将不可以分割的部分打上孔，可以让作品更加精致。当然，也有不需要确定基准点的情况。在这里，除了以制作卡包为例进行说明之外，还介绍了其他情况的基准点的确定方法和打孔技巧。

■ 打基准点处的孔

使用适合作品具体部位的方法，打出基准点处的孔。

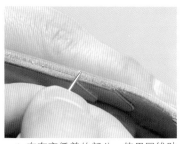

1 在有高低差的部分，使用圆锥贴着边缘做一个小记号。

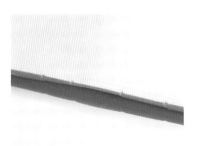

2 这是用圆锥做记号之后的样子。从边缘稍微凹陷一点即可。

3 使用一齿平錾，在做记号的地方添加印记。印记之间也可以使用两齿或者三齿平錾测量距离并添加印记。

4 首先用一齿平錾在添加印记的高低差处打孔，这是基准点。平錾务必要垂直于皮面。

5 打完基准点的孔后，使用一齿平錾在基准点之间打孔。

6 另一侧也按照相同的方法打孔，完成高低差部分的打孔。

角部的打孔方法

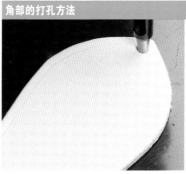

7 角部使用7号圆孔冲打孔。孔位于锁边线上，打孔时要稍微偏向里侧。两侧的弧线部分以圆孔为基准点，使用两齿平錾添加印记，然后用一齿平錾打孔。

检查

右图被称为T恤形，可以减少皮革重叠部分的高低差。像左图那样，紧贴着高低差部分打孔的话，T恤形的两端可能会断开，因此要像中间图那样跨着边缘在两侧取基准点。

较陡的弧线

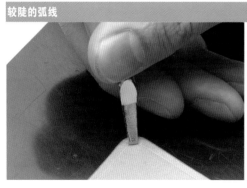

较陡的弧线部分使用一齿平錾在弧线的中间位置打一个孔。此时务必要垂直地打孔。

较缓的弧线

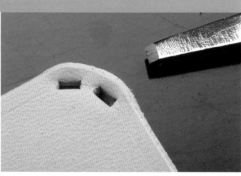

较缓的弧线部分容易在皮线锁边后出现不自然的孔隙，可以通过在角部中心的两侧各打一个孔的方法来避免皮线之间的空隙过大。使用两齿平錾添加印记，然后用一齿平錾打孔。

■打直线孔

使用平錾沿顺时针方向在锁边线上打孔。下面以卡包为例进行说明。

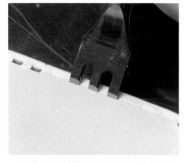

1 在高低差部分的孔和弧线处的孔之间，使用三齿平錾测量距离，添加印记。

2 距离和三齿平錾不吻合的地方，使用不同齿数的平錾来调整。

3 像这样短间距的直线，添加印记之后，使用一齿或两齿平錾小心打孔。

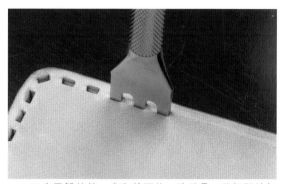

4 从弧线处测量距离时，三齿平錾端头的一齿要和弧线处的孔对齐，添加印记。打孔时，错开弧线处的孔，按照印记打孔。

5 三齿平錾的第一齿和前面的一孔重叠，等间距地打孔。

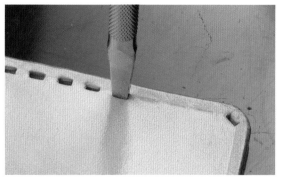

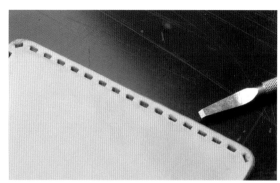

6 接近弧线处的基准点时，使用一齿或两齿平錾来调整距离，添加印记并打孔。太接近基准点的话不方便调整距离，要留出充足的距离。

7 因为皮线锁边后可以看到孔，所以调整间距时不能像手缝时那样使用多齿錾，添加印记后务必使用一齿平錾打孔。

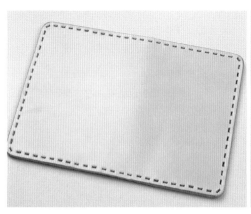

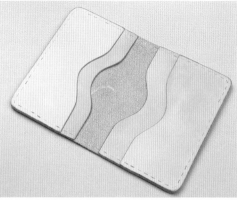

这是以相同的要领在作品四周打完孔的状态。孔的大小一致，间隔均匀。

8

卷针锁边

卷针锁边是最基本的皮线锁边方法。因为是一边包住皮革的边缘一边缝制，相对比较简单。另外，为了完成完美的作品，锁边起点和终点的处理是很关键的。锁边的起点和终点是否重合，两种情况的处理方法有所不同。皮线需要准备锁边距离3倍以上的长度。

■卷针锁边的基本方法

下面介绍锁边的起点和终点不重合时皮线头的处理方法，以及卷针锁边的基本方法。

1 从第一个孔和第二个孔之间的边缘，使用平锥向背面的第一个孔打孔。

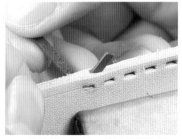

2 从边缘处入针，穿过背面的第一个孔。留出大约1cm的皮线头。

3 从正面将针穿过第一个孔，用手压住皮线头拉紧皮线。

4 从正面将针穿过第二个孔。重复这个动作。

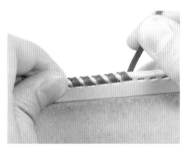

5 这个环节的重点是用力要均匀，缝至倒数第二个孔处。

6 将平锥插入最后一个孔，向其和倒数第二个孔之间的边缘打孔。

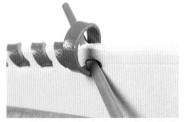

7 缝最后一个孔时不要将皮线拉紧，留出一个线圈。再次将针穿过相同的孔，从边缘出针。

8 一边整理皮线一边拉紧。

9 使用平锥整理最后一个孔中的两股皮线。注意不要损伤皮革。

10 用剪刀在皮线根部剪断。多出来的部分，塞到边缘里。起点部分的皮线头也采用相同的方法处理。

11 使用木槌轻轻地敲打，让皮线和皮革融合。为了防止损伤皮革，使用木槌的侧面敲打。

■ 锁边一周

下面介绍锁边一周时皮线的处理方法和角落的锁边方法。

12 这是卷针锁边完成后的状态。把塞到边缘里的皮线头，巧妙地藏起来。

1 粘贴皮革时，在起点位置留出2cm不涂胶水。从不粘贴的边缘处入针，穿过背面的第一个孔。

2 在边缘处留1cm左右的皮线头。

3 从正面将针穿过第二个孔，如图所示把皮线头卷到里面，拉紧。

4 从正面将针穿过第三个孔。重复上述动作。

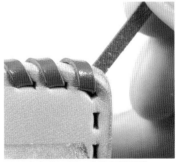

5 在角落，同一个孔要缝两次。

6 再次将针穿过相同的孔。缝两次，可以防止角落出现缝隙。

7 在角落的孔，不要重叠着锁边。错开适当的角度拉紧皮线。

8 角落锁边完成后，改变皮革的方向继续锁边，按照相同的方法缝至最初的孔。

9 将针插入最后一个孔，从边缘处出针，并且从前一个孔中的皮线下方穿过。

10 使用平锥把根部塞进边缘，并将前一针的线圈拉紧。

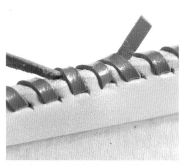

11 把最后一针拉紧。如果把皮线根部充分塞到边缘里，拉紧后会很漂亮。

12 在根部剪断多余的皮线。

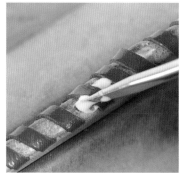

13 使用平锥把剪断后剩余的皮线塞进边缘里，然后使用白胶粘好。

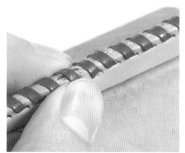

14 皮线处理完毕。收尾的部分不是很显眼，皮线看起来很规整。

15 使用木槌的侧面轻轻地敲打，让皮线和皮革融为一体。

16 非常简洁且魅力十足的作品完成了。这是以卡包为例介绍的锁边，应用于别的作品也会很有意思。

双重锁边

双重锁边比卷针锁边要用到更多的皮线，看起来非常豪华。乍一看非常复杂，其实只要掌握了开始和收尾阶段的操作方法，其他都是重复，非常简单。如果锁边时将皮线拉得过紧的话，本来应该在边缘的中心交叉的皮线会偏向自己缝制时的那一侧，因此要注意力度。皮线应该准备锁边距离7倍的长度。

■双重锁边的基本方法

下面介绍锁边的起点和终点不同时皮线头的处理方法，以及双重锁边的基本方法。

1 把穿好针的皮线背面朝上，穿过第一个孔。

2 把留出的皮线头包住，将针穿过第二个孔。

3 从皮线头和穿过第二个孔的皮线的交叉部分穿针。

4 拉紧皮线，然后从正面把针穿过下一个孔。

5 拉紧皮线使其在边缘的中心交叉，然后从正面将针穿过交叉部分。

6 重复步骤4、5的操作。注意不要把皮线拉得太紧。

7 在最后一个孔穿过针，拉紧皮线。然后从正面将针穿过交叉部分。

8 在交叉处将皮线拉紧。从锁边的端头把针穿过皮线和边缘之间的缝隙，在第三个交叉处出针。

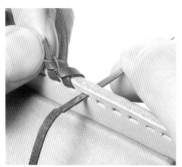

9 把皮线拉紧，用手调整位置。剪断线头。

■锁边一周

下面介绍锁边一周时皮线的处理方法和角落的锁边方法。

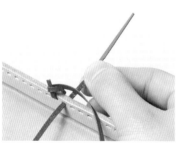

1 把针从起点处的孔穿过，留2cm左右的皮线头。在皮线头上绕一圈，将针穿过下一个孔。

2 拉紧皮线使其在边缘中心处交叉，然后从正面将针穿过交叉部分。

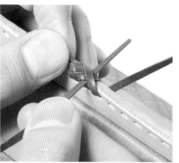

3 把穿过交叉部分的皮线拉紧，然后在下一个孔穿针。

4 把皮线拉紧，然后将针穿过交叉部分。重复步骤3、4。

5 在角落部分，相同的孔要进行两次双重锁边。完成一次双重锁边后，再次将针插入同一个孔。

6 拉紧皮线使其在边缘中心处交叉，然后从正面将针穿过交叉部分。

7 角落完成锁边之后，改变皮革方向，按照相同的方法缝至终点。

8 在倒数第二个孔处停下，用平锥把起点处的皮线头从线圈中挑开。

9 将平锥插入皮革边缘与皮线之间，把挑开的皮线头从第一个孔中挑出。

10 把夹在边缘中的皮线头剪断，留1cm左右。

11 在皮线头上涂上强力皮革胶，塞到皮革边缘里。

12 从正面将针插入最后一个孔。

13 将线拉出后，从后面把针穿入解开的线圈中。

14 然后从正面将针穿入交叉部分。

15 从上面将针穿过刚才的线圈。注意穿过针后线圈的走向。

16 在拉紧皮线之前，用手把锁边向边缘的中心调整。

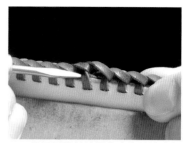

17 使用平锥继续调整边缘的锁边部分。

18 从正面将针穿过第一个孔，按照图示在边缘的中心出针，适当拉紧皮线。

19 使用平锥把正面和背面的锁边调整好。用剪刀沿皮线根部剪断。

20 双重锁边完成。锁边的时候，注意交叉部分尽可能位于边缘的中心。

锁边需要的其他技巧

双重锁边需要使用很多皮线，在锁边的过程中，如果皮线的长度不足，要接上新的皮线。卷针锁边也是如此。最初取皮线的时候，如果取得过长的话，皮线在皮革的孔中穿行时会磨损，所以要进行接线处理。另外，为了使角落看起来更加漂亮，下面还将介绍适合各种角落的锁边方法。

■ 皮线的接线方法

在锁边的途中，如果皮线不够了，需要接上新的皮线。

1 像图中这样，锁边途中皮线不够的情况经常出现。

2 把现在使用着的皮线从针上拆下，把端头部分剪掉。

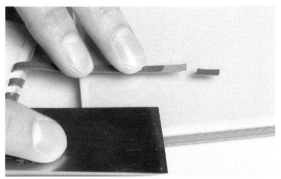

3 在距离端头1cm处，使用裁皮刀把使用中的皮线的正面削薄。这个操作一定要在玻璃板上进行。

4 穿上了针的新皮线的床面，同样在距离端头1cm处使用裁皮刀削薄。

5 使用刮板在两根皮线的削薄面涂上胶水。这里使用强力皮革胶，注意不要涂抹得过多。

6 把两根皮线粘贴在一起。确认胶水是否有溢出。

7 使用木槌的手柄轻轻按压粘贴部分，注意不要损伤皮线。

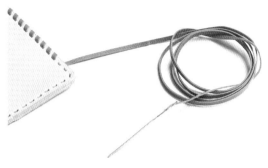

8 到此为止，完成了两条皮线的粘贴。之后，像之前一样继续锁边即可。

■ 角部锁边的变化

在角部锁边时，根据角度的情况，有各种各样的方法。

在角的顶点部分锁边时，通常要使用7号圆孔冲打一个孔。另外，如果不在顶点重复几次锁边的话，双重锁边时，缝隙会很明显。

1

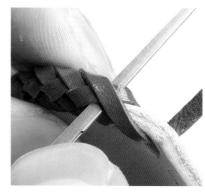

皮线穿过圆孔之后，从前面将针穿入交叉部分。

2

在圆孔中重复这一步骤2~3次。图为重复3次的情况。

3

完成角部锁边之后，按照基本的方法锁边即可。锁边3次的角部不仅外观好看，也更结实了。

4

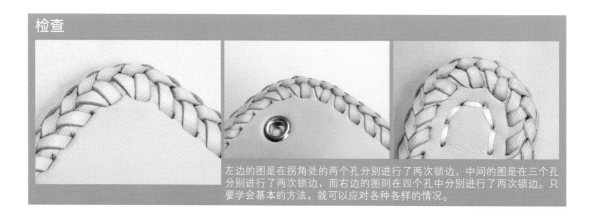

检查

左边的图是在拐角处的两个孔分别进行了两次锁边，中间的图是在三个孔分别进行了两次锁边，而右边的图则在四个孔中分别进行了两次锁边。只要学会基本的方法，就可以应对各种各样的情况。

打孔技巧

为了让断面更加平整，给皮革打孔的时候必须干脆利落，因此需要用到像圆孔冲那样的前端有刃的工具。本章介绍了各种各样的打孔工具，根据用途区分使用。还可以将打孔工具和其他工具搭配着使用，以增加孔的种类。

打孔的方法

打孔是安装金属扣之前的必要操作。在皮革上打孔的工具，有圆孔冲、长孔冲以及直线冲等等，我们将逐一介绍其使用方法。

一旦在皮革上打了孔，是不能复原的，因此，找准打孔位置是非常重要的。同时，在打孔处安装金属扣时，要确认金属扣的尺寸、种类。孔打过小的话，可以使用大一号的工具来修正，但如果打孔过大的话，将不能牢固地固定金属扣。日本Craft社为大家提供了各种各样的打孔工具和金属扣，具体可见p.144的对照表，请大家根据自己的需要进行选择。

打完孔，安装上各种各样的金属扣，不仅可以作为装饰为作品增添原创的感觉，还具有功能性，彰显与众不同的品味。希望大家多多使用这种技法。

圆孔冲的使用方法

皮革打孔最常用的工具就是圆孔冲。日本Craft社为大家提供了0.6mm~30mm的工具，可以根据金属扣的直径选择。金属扣常用的圆孔冲为8~15号。

安装金属扣的孔主要是圆形孔，也有作为装饰使用的星形孔等，相应的工具通常称为"花样打孔工具"。还有皮带扣专用的椭圆形工具，以便于皮带扣的针穿过。

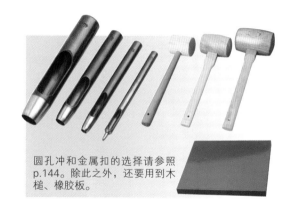

圆孔冲和金属扣的选择请参照p.144。除此之外，还要用到木槌、橡胶板。

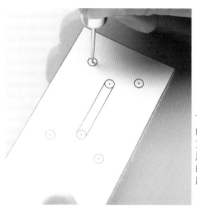

下面使用皮带扣的纸型解说打孔方法。首先，使用圆锥做出打孔的记号。要标记出正确的位置。

1

这是用圆锥做出标记的皮革。然后使用圆孔冲打出适合金属扣的孔。

2

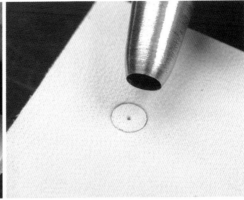

把皮革放在橡胶板上操作。不直接打孔，而是先用圆孔冲的前端在皮革上轻轻地压一下，确认位置是否正确。看看使用圆锥扎的点是否在中心。

3

如果圆锥扎的点在中心，重新将圆孔冲压在那个位置。把圆孔冲垂直立好，使用木槌敲击两三下。如果是大的圆孔冲的话，很难一次性敲打好，要不断改变敲击位置，分数次敲打。

4

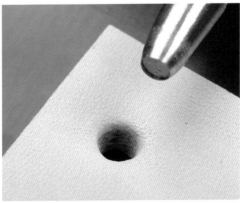

把嵌入皮革的圆孔冲拔出，工具中会留下圆形的皮革。至此，一个圆形孔完成。剩下的圆孔按照相同的方法打孔即可。

5

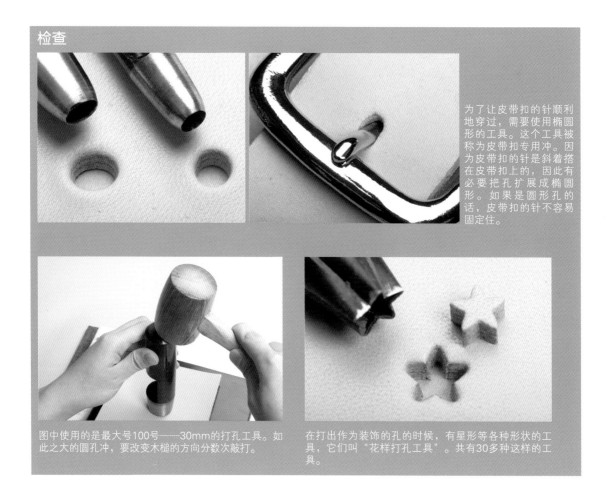

检查

为了让皮带扣的针顺利地穿过，需要使用椭圆形的工具。这个工具被称为皮带扣专用冲。因为皮带扣的针是斜着搭在皮带扣上的，因此有必要把孔扩展成椭圆形。如果是圆形孔的话，皮带扣的针不容易固定住。

图中使用的是最大号100号——30mm的打孔工具。如此之大的圆孔冲，要改变木槌的方向分数次敲打。

在打出作为装饰的孔的时候，有星形等各种形状的工具，它们叫"花样打孔工具"。共有30多种这样的工具。

长孔冲的使用方法

长孔冲是用来敲打长孔的工具，主要用来给皮带扣打孔。使用方法和圆孔冲相同，先确定打孔位置，然后使用木槌敲打出长孔。在安装皮带扣时，在皮带扣的轴上卷上皮带，让皮带扣的针穿过之后再进行固定。实际安装皮带扣的操作，我们会在p.161进行详细介绍，请对照着长孔冲的使用方法来看。长孔冲是打长孔专用的工具，在购买的时候也许会让人犹豫不决，但它有助于漂亮地完成作品，所以推荐专业的皮革手艺人使用。

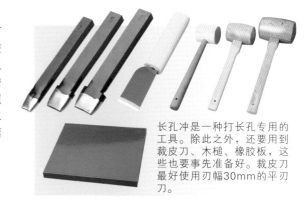

长孔冲是一种打长孔专用的工具。除此之外，还要用到裁皮刀、木槌、橡胶板，这些也要事先准备好。裁皮刀最好使用刃幅30mm的平刃刀。

■使用长孔冲打出长孔的方法

长孔很少能够一次打好，一般是分几次延长至所需的长度。

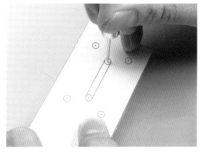

把皮革和纸型放到橡胶板上，使用圆锥做记号，确定长孔的位置。图片中央直线连接的部分要打出长孔。

1

以圆锥做的记号为基准点，把长孔冲放在上面轻轻地压一下，看位置是否合适。这里要两次使用长孔冲才能打出需要的长孔。

2

3 把长孔冲和长孔的另一个基准点对齐，轻轻压出印记。因为可以通过使用长孔冲的次数调节孔的长度，所以它适合多种尺寸的皮带扣。

4 确认完位置之后，将长孔冲放在印记上，使用木槌准确地敲打。分两次打出长孔，从哪一侧开始都可以。

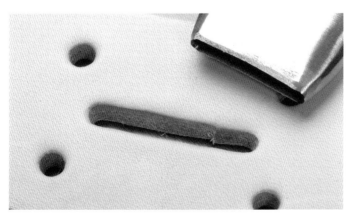

这是打了长孔的状态。长孔冲的位置如果偏离的话，孔的边缘会不规整，需要注意。分几次用力敲打，长孔冲充分嵌入皮革后再前后移动，可以确保长孔冲能够准确地切下皮革。

5

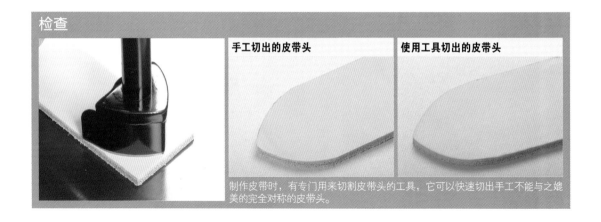

检查

手工切出的皮带头	使用工具切出的皮带头

制作皮带时，有专门用来切割皮带头的工具，它可以快速切出手工不能与之媲美的完全对称的皮带头。

■ 使用圆孔冲和裁皮刀打出长孔的方法

下面介绍在没有长孔冲的情况下打出漂亮的长孔的方法。

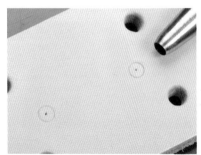

用圆锥在皮革上做出打长孔的记号，然后用圆孔冲确认打孔位置。以圆锥做的记号为中心点，使用圆孔冲轻轻压出印记。

1

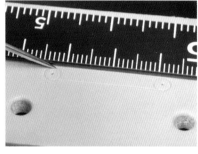

使用尺子在两个圆的外侧画直线连接。可以使用圆锥画线。

2

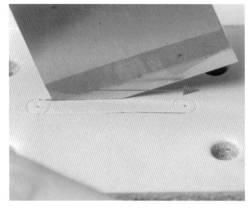

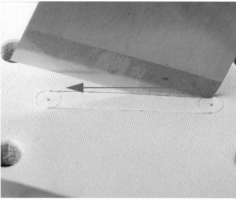

从刚才画线的起点部分开始，使用裁皮刀切开。在直线的正上方入刀，刀刃的一端没入皮革，一直切到不能切为止。然后按照相同的方法从另一侧切入另一端的刀刃。

3

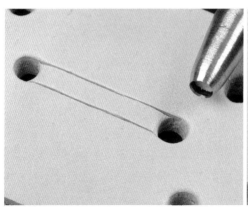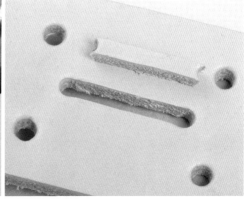

切完直线部分之后，使用圆孔冲在直线的两端打孔。这样，直线和圆孔连接在一起，可以打出长孔。

4

直线冲的使用方法

直线冲具有像雕刻刀那样的平刃，经常被用来安装拧扣和磁力按扣等带爪子的零部件。另外，在敲打和尚头通过的切口时，如果有直线冲的话，会非常方便。拧扣、磁力按扣等属于金属扣，我们将在下一章节详细介绍它们的安装方法。

直线冲是安装金属扣时的重要打孔工具。同时，因为它是平刃工具，在切割较短的直线时也非常方便，只需从上方用力按压即可，因此可以切出尖细的直线。

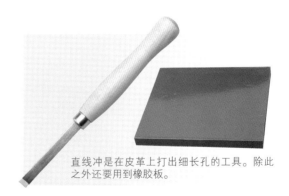

直线冲是在皮革上打出细长孔的工具。除此之外还要用到橡胶板。

把皮革放在橡胶板上，以纸型为基础，使用圆锥做出打孔记号。这里以安装拧扣、磁力按扣的爪子为例进行说明。

从上方入刃，把点和点连接起来，从正上方用力下压打出孔。当把直线冲拔出后就可以形成细长的孔。

金属扣和使用工具对照表

金属扣是制作具有个性的原创作品不可缺少的东西，每一个都有自己专属的安装工具。如果没有相应的安装工具和安装台的话，是不能安装金属扣的。即使是同一款金属扣，它们也有大、中、小之分，对应的安装工具也分不同的尺寸，所以必须各自选择适合的工具。虽然下表中没有提到，安装台也是必需物件。铆钉、子母扣、牛仔扣等金属扣，需要用到专用的安装台或者万用安装台。在安装气眼扣时，需要用到和安装棒配套的安装台。在安装之前，务必要确认它们是否配套。

如果使用了不配套的工具，不仅不能准确地安装，造成金属扣变形从而伤害皮革，还有可能损坏安装工具。这些安装工具和安装台，是按照统一标准生产的，所以一次购买后可以一直使用。它们是安装金属扣的必备工具，建议大家逐渐买齐。

■ 金属扣和使用工具对照表（2010 年 6 月）

商品号（金属扣）	名称（金属扣）	圆孔冲型号	商品号（安装工具）	名称（安装工具）
1001	单面铆钉 极小（4mm）	6 号	8270	特制铆钉安装棒（极小）
1002	单面铆钉 小（6mm）	8 号	8271	铆钉安装棒（小）
1004	单面铆钉 中（9mm）	10 号	8272	铆钉安装棒（中）
1005	双面铆钉 小（6mm 长爪）	8 号	8271	铆钉安装棒（小）
1007	双面铆钉 小（6mm 普通爪）	8 号	8271	铆钉安装棒（小）
1006	双面铆钉 中（9mm 长爪）	10 号	8272	铆钉安装棒（中）
1010	双面铆钉 大（12mm 长爪）	12 号	8273	铆钉安装棒（大）
1014	装饰铆钉 中（9mm）	10 号	8275	装饰铆钉安装棒（中）
1016	方形铆钉 中（9mm）	10 号	8279	方形铆钉安装棒（中）
1018	平面螺丝钉（9mm）	12 号	—	
1041	子母扣 小（10mm）	8 号和 15 号	8281	子母扣安装棒（中）
1042	子母扣 中（12mm）	8 号和 15 号	8281	子母扣安装棒（中）
1045（46）	子母扣 大（13mm）	10 号和 18 号	8282	子母扣安装棒（大）
1064	牛仔扣 中（13mm）	10 号	8285	牛仔扣安装棒（中）
1066	牛仔扣 大（15mm）	12 号	8286	牛仔扣安装棒（大）
1161	气眼扣 极小号 No.300	15 号	8331	气眼扣安装棒 300
1165	气眼扣 中号 No.20	25 号	8288	气眼扣安装棒 20
1167	气眼扣 大号 No.23	30 号	8289	气眼扣安装棒 23
1169	气眼扣 特大号 No.25	30 号	8290	气眼扣安装棒 25

金属扣

组合使用金属扣，可以让皮革作品更增魅力。在这里，我们介绍皮革作品中常用的、最基本的金属扣的安装方法。即使是同一款金属扣，也会用到不同的尺寸，请根据情况来选择。使用的金属扣不同，作品会产生巨大变化。另外，拉链虽然不能算作金属扣，为了方便，这里也一起介绍。

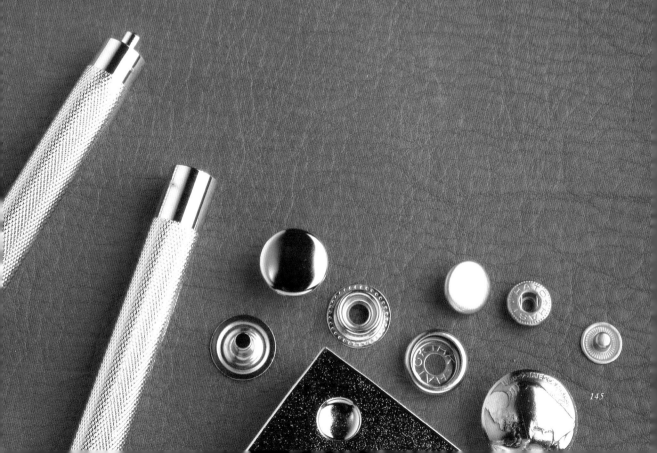

金属扣的安装方法

金属扣经常用在口袋、包盖等地方，也是连接链子的时候必不可少的东西。在皮革上安装金属扣，不仅可以作为装饰，还能为作品增添新的功能，使其拥有独创性。在这里，从子母扣、牛仔扣等相对简单的金属扣，到拉链和皮带扣等相对复杂的零部件，我们将逐一给大家介绍。在安装金属扣之前，要先在皮革上打孔，这项操作可以参照p.137的打孔章节。另外，在安装金属扣的时候，要使用与其相吻合的安装工具，这是必不可缺的。在这里介绍的主要是银色的镍制金属扣，其他还有黄铜色、仿古色等颜色，种类和尺寸多种多样。从这些金属扣中选出适合的使用，这也是创作的乐趣。选择适合自己的金属扣，创作出有个性的作品吧。

子母扣的安装方法

子母扣经常用于钱包、手提包等，用来固定相对比较小的作品部件。子母扣的特征是，不用力就可以扣上，非常简单。它具有装饰性，在很多作品上都可以看到。子母扣由凸扣和凹扣两部分组成，凹扣内藏两根弹簧，利用弹簧的反弹力夹住凸扣。安装时需要注意，如果用力过大的话，会损坏弹簧，变得不好用，要控制好敲打力度。另外，子母扣的底钉较短，适用于厚度不超过2mm的皮革。

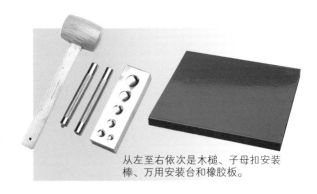

从左至右依次是木槌、子母扣安装棒、万用安装台和橡胶板。

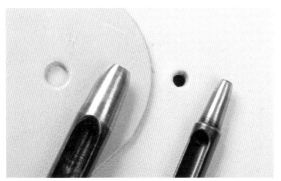

1 在皮革上打孔。安装的金属扣不同，孔的大小会有变化。这里使用子母扣（大），所以使用10号和18号圆孔冲。

POINT

2 将凸扣底插入皮革，确认底钉上的凹痕是否露在皮革外面。如果皮革太厚，凹痕无法露出的话，将无法和左侧的凸扣帽固定在一起，需要注意。

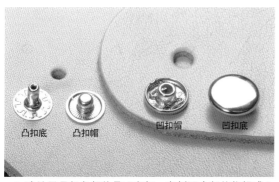

3 确认子母扣各部件是否完好。左侧两个部件将组成凸扣，右侧两个部件将组成凹扣。

4 把皮革放在万用安装台的平坦面，把凸扣底插入相应的孔中，准备好子母扣安装棒。

5 把凸扣帽放在凸扣底上，使用子母扣安装棒从正上方压住，把安装工具前端凹陷的部分对准凸扣帽。

6 把子母扣安装棒垂直地立于上方，使用木槌敲打4~6次。

安装凹扣。万用安装台的凹陷面朝上，把凹扣底反过来放在大小吻合的凹陷处。

放上皮盖，然后放上凹扣帽并对准。注意位置不要偏离，用手指按压固定。

检查

7　使用前端和凹扣帽吻合的子母扣安装棒。安装时注意两根弹簧的方向。

如果使用子母扣时是横向开合，安装时让两根弹簧位于上下两侧，会很方便打开子母扣。否则，虽然可以稳固地合上子母扣，但因为力量会集中到一根弹簧上，子母扣的使用寿命会大打折扣。

8　把子母扣安装棒垂直地立于上方，使用木槌敲打4~6次。如果用力过度的话，会损坏弹簧，影响子母扣的开合。

9　这是安装完子母扣之后的状态。用手触摸凹扣，确保其不会松动。

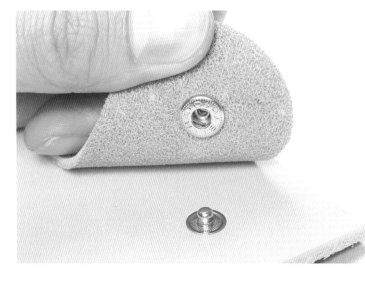

尝试开合几次，确保金属扣不晃动。凹扣中的弹簧如果被损坏的话，子母扣将不能很好地合上。反复操作几次后，就可以把握敲打力度。

10

牛仔扣的安装方法

牛仔扣和子母扣的形状相似，但底钉较长，经常用于大提包或服装（外套或夹克）。不仅作为扣子使用，还富有装饰性，使用频率不亚于子母扣。凸扣帽中装有圆形的弹簧，可以扣住凹扣帽。因为是整个凸扣帽扣住凹扣帽，所以它比子母扣更牢固，也更耐用。在安装方面注意，要使用厚1.5mm~4.5mm的皮革，安装之后用手指转一下确认牢固度。

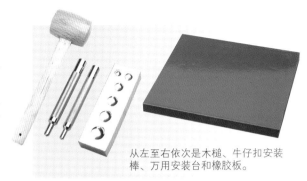

从左至右依次是木槌、牛仔扣安装棒、万用安装台和橡胶板。

1 左侧为安装在主体部分的凸扣底和凸扣帽，右侧为安装在皮盖上的凹扣帽和凹扣底。

2 把凸扣底插入主体，放在万用安装台的平坦面。和子母扣相同，确认底钉从正面伸出 2mm~3mm。

3 把凸扣帽套在底钉上。从中间伸出的底钉，在敲打时会发生适当的变形，从而牢牢地和凸扣帽固定在一起。

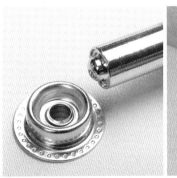

4 把牛仔扣安装棒立于上方，注意安装工具要和金属扣保持垂直。确保安装工具的尺寸和形状适合金属扣。这里使用的是大号安装工具。

5 保持垂直，用木槌敲打4~6次。

6 如果用木槌敲打时用力过大的话，像图中这样，底钉将外扩过度，发生变形。

7 在皮盖上安装凹扣。把凹扣底放在万用安装台的凹陷面，根据凹扣底的大小，选择适合的凹陷处。

8 在凹扣底上套上皮盖，然后放上凹扣帽。

9 把牛仔扣安装棒垂直地立在凹扣上敲打4~6次。敲打时要保持垂直。

10 安装完之后，首先用手确认是否松动。如果晃动，说明固定得不够紧，再敲打几次。最后确认开合情况。

和尚头的安装方法

和尚头是一种通过在皮革上切一个口套上和尚头的方式固定皮盖的金属扣。和尚头分为易于安装的螺丝式和敲打安装的铆钉式两种。下面介绍的是使用一字螺丝刀就能安装的螺丝式和尚头。和尚头经常用于皮包等物品，根据皮盖等安装部位的大小来选择尺寸。安装时，注意扣入孔的大小，刚安装时稍微紧一些为好。因为在使用过程中，孔会随之变大，所以扣入孔和和尚头的中间轴大小相同即可。

一字螺丝刀

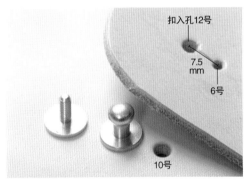

扣入孔12号

7.5 mm

6号

10号

1 这里以圆头直径为 6mm 的和尚头为例进行解说。扣入孔和切口的大小，根据所用和尚头的尺寸来调整。

2 在作品的背面插入底座，然后从正面拧上和尚头帽。为了防止螺丝松动，可事先涂上胶。

3 从作品的背面，使用螺丝刀拧紧底座。根据皮革的厚度，最低也要拧 3~4 圈。

4 和尚头要拧到稍微陷入皮革一些，紧紧地固定。安装完之后，尝试着扣上皮盖，稍微紧些为好。

磁力按扣的安装方法

正如其字面的意思，磁力按扣是在两个金属部件里分别装上磁石，依靠磁力扣上皮盖的金属扣。因为没有弹簧构造，更能突出作品的时尚性。安装时，把按扣背面的两个爪子插入皮革，然后套上垫片将爪子敲平即可。磁力按扣安装好后，背面几乎是平的，适合重叠皮革或粘贴衬革。在敲平爪子的时候，如果不是从底部敲平的话，会不平整，需要注意。打孔的时候，使用直线冲会很方便。

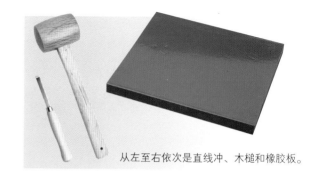

从左至右依次是直线冲、木槌和橡胶板。

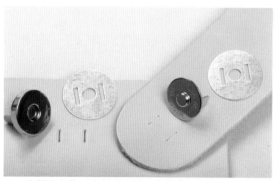

1 左侧为主体，右侧是皮盖。主体使用凹扣，皮盖使用凸扣。为了固定得更牢固，要搭配垫片使用。

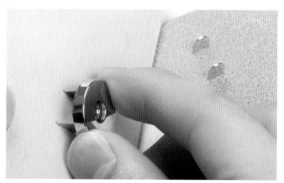

2 将带爪的凹扣插入主体上的孔中。背面会露出像电源插头一样的爪子。操作要在橡胶板上进行。

3 在两根爪子上套上垫片，使用木槌将爪子向外敲平。根据作品情况，有时也会向内敲平。

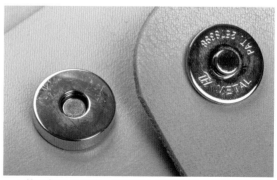

4 按照相同的方法，在皮盖上安装凸扣。然后试着开合几次，确认是否有松动现象。

拧扣的安装方法

拧扣是一种通过旋转部件的头部来开合皮包的金属扣。作为拧着开合的金属扣，拧锁和锁套都非常具有装饰效果，经常被用于女式手提包。它的安装方法和磁力按扣相同，把带爪子的拧锁安装在作品主体上，然后从底部向外压弯爪子。因此，在打孔的时候，如果有直线冲的话会很方便。另外，在安装锁套时，需要将直线冲打出的细孔连接在一起打成长方形的孔，因此还要用到裁皮刀或者美工刀。

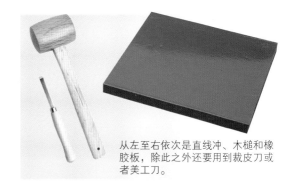

从左至右依次是直线冲、木槌和橡胶板，除此之外还要用到裁皮刀或者美工刀。

1 左下方的两个部件是安装在主体部分的垫片和拧锁，右上方的两个部件是安装在皮盖上的底座和锁套。主体使用3mm厚的皮革，皮盖使用2mm厚的皮革。

2 使用直线冲打出长孔，从皮革的正面插入拧锁的爪子。两根爪子伸出来后，套上垫片。

3 使用木槌将爪子从底部压向外侧，不需敲打，压弯即可。也有向内压弯的情况。压弯时灵活利用橡胶板的边缘，会比较容易操作。

4 图中为从底部向外压弯的效果。和磁力按扣相同，它是以粘贴衬革为前提设计的工具，所以尽可能压得平坦一些。

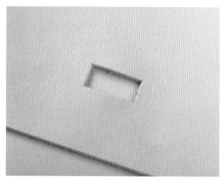  

5 打一个安装锁套的孔。使用直线冲打出细孔，将其连接成长方形，这样就完成了长方形的孔。

6 从背面插入底座。图中的背面是皮革床面，但在实际操作的时候，一般会粘贴皮革后再操作。

7 从皮革的正面插入锁套。锁套上带着两个爪子，要牢牢地插进去。

8 从背面把锁套的两个爪子压向外侧。尽可能平整地从底部压弯。不要敲打，用木槌压弯即可。

 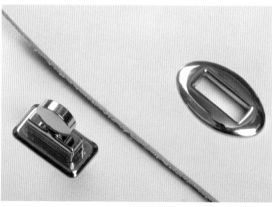

拧扣的安装到此结束。光亮如镜的金属扣，有很好的装饰效果。

9

铆钉的安装方法

铆钉是一种具有装饰效果的、可以把皮革和皮革或不同部件组合在一起的金属扣。根据铆钉爪的种类，铆钉可以分为单面和双面。下面我们介绍的是双面铆钉的安装方法。双面铆钉在正反面都有圆形的底帽，多少会有一些厚。单面铆钉的反面没有底帽，是平坦的，虽然没有正面那样的装饰效果，但可以做得薄一些。为了适合各种各样的皮革厚度，铆钉爪分为长爪、普通爪，可以根据作品需要进行选择。作为装饰用的铆钉，有星形、金字塔形等，可以用来装饰作品。

图为铆钉安装棒、万用安装台、木槌和橡胶板。

1 在这里介绍双面铆钉的安装方法。打孔使用 10 号圆孔冲。铆钉是长爪的。

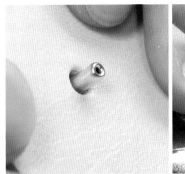

2 将铆钉爪放在万用安装台上尺寸接近的圆形凹陷处。在穿过皮革的时候，注意确认铆钉爪上的凹陷处是否高于皮面。在爪上套上底帽。

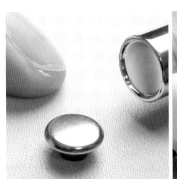
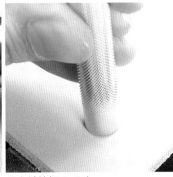

3 把铆钉安装棒垂直立在底帽上，用木槌敲打 4~6 次。

4 安装铆钉的时候，底帽稍微嵌入皮革为佳。用手指晃动一下检查是否结实。

气眼扣的安装方法

为了在皮革上安装龙虾扣、金属链等，需要打一个稍微大的圆孔，先安装上气眼扣。如果直接在皮革上安装的话，孔会被撑大或破损。气眼扣不仅有装饰效果，还有加固作用，被广泛用于各种作品。它的尺寸分为极小号No.300（直径4.6mm）、中号No.20（直径8.1mm）、大号No.23（直径8.6mm）和特大号No.25（直径9mm）四种，可以根据作品的大小和穿入其中的东西的粗细来选择。除了镍银色之外，气眼扣还有其他颜色。安装一个自己喜欢的气眼扣，尝试着和金属链、龙虾扣等组合在一起使用吧。

图为专用安装台、气眼扣安装棒、木槌和橡胶板。

1 在这里使用极小号 No.300 气眼扣和 15 号圆孔冲。左侧是环扣，右侧是底座。

2 在安装气眼扣的时候使用专用安装台。需要注意的是，专用安装台分不同的尺寸。把气眼扣的底座放在专用安装台的凹陷处。

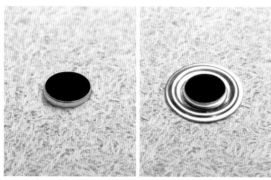

3 把打过孔的皮革正面朝下，插入底座，套上环扣。环扣的凹陷面朝上。

4 把气眼扣安装棒垂直立于环扣的正上方，使用木槌分4~6 次敲打。如果敲打过于用力的话，会导致气眼扣变形。

装饰扣的安装方法

装饰扣是经常用于包盖的经典装饰，特别是在机车系的服饰中，它是不可缺少的装饰。这里介绍的装饰扣的面扣模仿硬币的设计，外观呈略微凸起的圆形。装饰扣有缝在皮革上的纽扣式，也有铆钉式。下面介绍的是最近几年比较流行的螺丝式装饰扣。另外，还以钱包盖为例，进一步介绍了组合使用装饰扣和牛仔扣的方法。装饰扣式样众多，尺寸各异，甚至还有看起来很像硬币的银扣。你一定可以在种类繁多的装饰扣中，找到适合自己的一款。

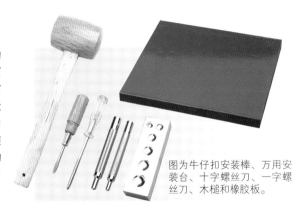

图为牛仔扣安装棒、万用安装台、十字螺丝刀、一字螺丝刀、木槌和橡胶板。

■ 螺丝式装饰扣的安装方法

下面介绍螺丝式装饰扣的安装方法。

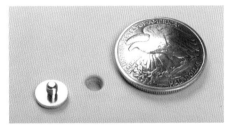

1 根据装饰扣面扣背面的轴的粗细，使用圆孔冲打出大小合适的圆孔。

2 插入底扣，在另一侧套上面扣，用一字螺丝刀拧紧。至少也要旋转 3~4 次。如果涂抹上白胶或者防松动剂的话，会固定得更加牢固。

■ 装饰扣和牛仔扣的组合 1

下面介绍与牛仔扣吻合的装饰扣的安装方法。

1 代替牛仔扣的凹扣底，把装饰扣的面扣插入皮革，套上凹扣帽。皮革较厚时可以夹上皮垫。

2 以夹着皮垫的状态，拧紧凹扣帽。涂抹上白胶或者防松动剂，会固定得更加牢固。

■装饰扣和牛仔扣的组合 2

下面介绍与牛仔扣不吻合的大型装饰扣的安装方法。

3 和牛仔扣组合着使用，可以把装饰扣变成有连接作用的纽扣。

准备厚、薄（1.0mm）两种皮盖。用牛仔扣的凸扣底代替凹扣底。

1

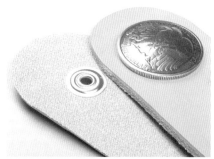

2 主体使用左侧的凸扣底和凹扣帽，皮盖使用右侧的凸扣底和凸扣帽，分别组合在一起。1.5mm 以下的薄皮革，使用凸扣帽会比凹扣帽更容易安装。

3 把装饰扣安装好。为了防止松动，可以涂上白胶或防松动剂。

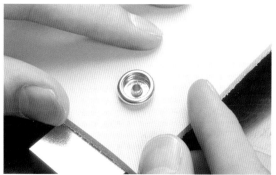

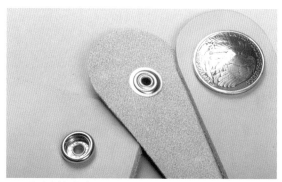

4 在主体上安装牛仔扣的凸扣底和凹扣帽。使用万用安装台平坦的一侧安装。

5 从左侧起依次是主体、薄皮盖和厚皮盖。即便需要缝合皮盖，因为使用了凸扣底，也减少了整体的厚度。

拉链的安装方法

拉链适合各种尺寸的作品，所以被广泛应用。像零钱包、手拿包等频繁打开包口的作品，使用拉链会很方便。本节以相对简单的钱包为例，介绍直线形拉链的安装方法。在用于其他作品时，从阻力比较小的拉链尾部开始缝合。

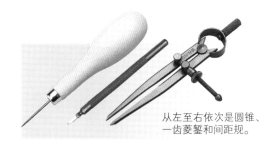

从左至右依次是圆锥、一齿菱錾和间距规。

1 拉链孔的宽度比拉链齿多出3mm，长度比拉链齿多出5mm。

2 使用剪刀把拉链两端多余的部分剪掉。

3 用打火机把两端修剪处烧一下，防止脱线。

4 使用刮板在拉链的边缘（正面）和拉链孔的周围（背面）涂上强力皮革胶。把拉链的头部放在左侧，在上面粘贴皮革。

粘贴后的正面和背面是这样的。

5

使用间距规在拉链孔的周围（正面）画线。间距是3mm。

6

7 在拉链孔周围添加印记，使用一齿菱錾打孔。拐角部分完成之后，继续打孔一周。

用麻线沿刚才打的孔缝制。拉链布很难看清孔，需要像左图那样从正面用针稍微扎一下以确认孔的位置。从拉链布一侧进行缝制，可以缝得非常漂亮。

8

9 缝完一周后，打结并剪断线。剩余的线头使用圆锥涂上胶水粘牢。

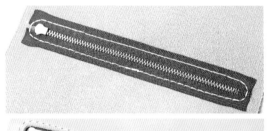

从图中可以看出，正反两面的麻线都缝得很漂亮。

10

检查

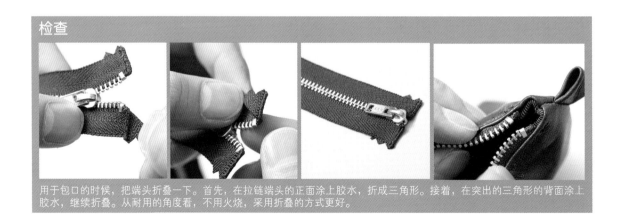

用于包口的时候，把端头折叠一下。首先，在拉链端头的正面涂上胶水，折成三角形。接着，在突出的三角形的背面涂上胶水，继续折叠。从耐用的角度看，不用火烧，采用折叠的方式更好。

皮带扣的安装方法

皮带扣，原本只是皮带上的一个零件，但最近几年，它开始作为时尚的装饰品受到人们的欢迎，快速流传开来。从醒目的大型皮带扣，到样式丰富的小型皮带扣，应有尽有。安装皮带扣的重点是，根据作品选择合适的尺寸，仔细地进行操作。

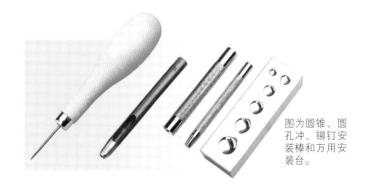

图为圆锥、圆孔冲、铆钉安装棒和万用安装台。

1 这里使用的是针式D形（左）和日形（右）皮带扣。

2 准备削薄好的皮带。在削薄的部分安装皮带扣。

3 使用和皮带扣的针的直径相吻合的圆孔冲。

4 把厚度和皮带的削薄部分相同的皮革样片缠绕在皮带扣上，在要穿过皮带扣的针的位置，使用圆锥在皮革样片的正面和背面分别扎一个印记。皮带也在削薄部分折叠，在中心处扎印记。

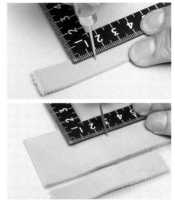

5 在皮革样片上测量距离，使用圆锥扎上印记。将印记转移到皮带上。

6 使用圆孔冲在皮革上添加印记，尽可能地让圆圈的外沿位于线条的内侧，然后打孔。

7 在上一步骤的基础上，把两个圆圈之间的部分切割掉，像图中这样，形成长孔。

8 在皮带上安装好皮带扣之后，在合适的位置放上铆钉。

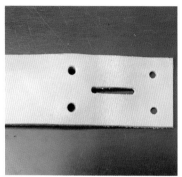

9 确定好铆钉的位置之后，在多余的部分画上印记并裁掉。

10 以长孔为中心，用圆锥在周围均匀地做上记号，然后使用圆孔冲打孔。

11 在固定皮带扣之前，确认皮带扣的针能否在长孔中自由地活动。

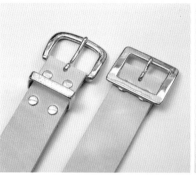

12 把铆钉安装棒垂直立于铆钉之上，敲打固定。

13 只要掌握好基本的安装技巧，可以应对各种皮带扣的安装。如果使用牛仔扣，还可以根据自己的喜好更换皮带扣。

皮革雕花

使用旋转刻刀这种专用工具，在皮革上刻画出图案，就是皮革雕花。雕花工艺是皮雕的基础，和前文所讲的手缝皮革有着很大的不同。仅用一柄旋转刻刀，就可以表现出各种各样的线条，描绘出图案。在雕花过程中，旋转刻刀的锋利度很重要，因此这里也针对旋转刻刀的研磨方法进行了介绍。

皮革雕花的基础

雕花工艺，是在皮革上雕刻出图案的技法之一。使用旋转刻刀，把图案刻画在皮革上。从工具的握法开始，到直线、曲线部分的雕刻方法，乃至拆解旋转刻刀的方法，以及旋转刻刀的保养方法，逐一加以介绍。旋转刻刀要求精细入微的手指操作，掌握起来会有一定难度。在这里，我们虽然按照雕花顺序进行解说，但作为了解雕花工艺的第一步，我们可以从自己研磨旋转刻刀开始。保养刀刃，一方面是因为有"钝刀很危险"的说法；另一方面，保养工具的过程会增进对工具的情感，进而成为享受皮雕乐趣的契机。了解工具的保养方法之后，试着将简单的图案描绘在皮革上，逐步熟悉旋转刻刀的使用方法。通过培养手指的感觉，来掌握细微的雕刻技法。

描绘图案

皮革雕花的第一步，是把图案描绘在描图纸上。描图纸很结实，耐水性强，是最适合描图作业的工具。虽然也有使用复写纸的，但因为是纸质的东西，很容易出现破损或者因吸收水分而变形的现象。在描图的时候，尽可能地将图案稳稳地固定，做到操作途中不偏离。使用笔尖较为尖锐的自动铅笔，沿着图案的轮廓描绘。

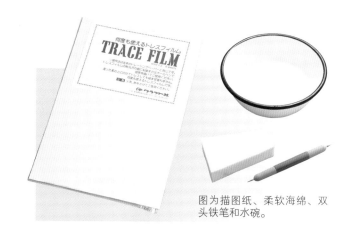

图为描图纸、柔软海绵、双头铁笔和水碗。

■把图案描绘在描图纸上

在这里，以唐草图案为例，把图案描绘在描图纸上。

1 描图纸有光面和磨砂面，使用时磨砂面朝上。根据图案的大小，将描图纸裁切成合适大小。如果把图案从资料上复印下来的话，很容易操作。

2 把描图纸放在图案上，为了不让图案偏离，在两端使用胶带固定。

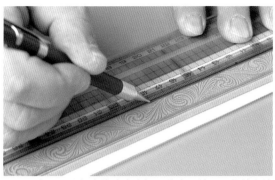

3 图案周围的轮廓线称为边框。首先沿着尺子描绘直线部分。为避免自动铅笔的笔芯在描绘过程中折断，推荐使用0.7mm的铅芯。

4 描绘边框的曲线部分。在这里不使用辅助工具，徒手操作，把直线和曲线连接在一起。

5 描绘图案。只描绘图案的主要线条，剩下的线条，在雕刻的时候，根据情况添加。

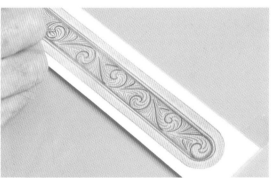

6 这个图案以中央的圆形为基础按照一定规则对称着排列。从一端开始描绘，到中央之后，把图案翻过来按照相同的方法继续描绘。

7 这是描绘完成的状态，检查是否有遗漏的地方。细微的线条没有必要描绘出来，只需描绘较长、较粗的线条。

■ 继续描绘在皮革上

把描图纸上的图案描绘在皮革上。

把皮革裁切成适合图案的尺寸，使用海绵将正面打湿。注意要均匀地打湿。因为要使用水，所以不要直接放在桌子上，要放在塑料板或者橡胶板上操作。

1

把描绘了图案的描图纸放在皮革上，将两端固定好。

2

3 直线部分使用铁笔沿着尺子描绘。铁笔的笔尖越尖，越能够描绘出清晰的图案。把铁笔的笔尖放在线的正上方，沿着尺子描绘。

4 把描图纸上的主要线条描绘上。曲线部分要徒手描绘。

检查

在操作过程中，为了便于左右旋转图案，放在塑料板或橡胶板上操作。可以自由改变方向，操作会更加简单。另外，把皮革放在不吸收水分的东西上面，不仅可以避免把周围弄湿，还可以减缓皮革中水分的流失。

5 把描图纸上的图案全部描绘在皮革上。时不时地掀开描图纸，确认图案是否有偏离。在不固定皮革和描图纸时，尤其要注意不要使图案偏离。

6 这是把边框和主要的线条描绘在皮革上的状态。在揭开描图纸之前，确认是否所有的线条都描绘好了。

沿着图案在皮革上雕刻

描绘好图案之后，使用旋转刻刀将其雕刻在皮革上。在这里，以唐草图案为例，针对旋转刻刀的握法和使用方法进行解说。根据皮革的打湿程度以及刀具的倾斜程度，旋转刻刀嵌入皮革的深浅会产生差异。通过调整拇指、食指和中指微妙的力度，可以雕刻出强有力的粗线和纤柔的细线。使用皮革的边角料反复练习，掌握力度的轻重和工具的倾斜角度。另外，多观察其他人的作品，或者找机会亲手做一做，会有很大帮助。

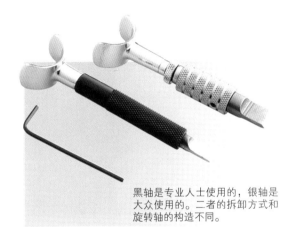

黑轴是专业人士使用的，银轴是大众使用的。二者的拆卸方式和旋转轴的构造不同。

■ 旋转刻刀的握法

基本握法是，用拇指和中指握着旋转轴，食指压在托肩上。

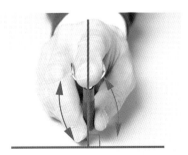

放食指的部分称为"托肩"，可根据手的大小来调节旋转轴的高度。一边用食指压住托肩，一边用拇指、中指转动轴部。以无名指和小指做支撑，通过用手掌接触皮革来感知皮革的湿润程度。刻刀整体向前倾斜，切入皮革后拉向自己。

■ 直线和曲线的雕刻方法

打湿皮革之后，把描绘的图案雕刻在上面。

使用柔软海绵，把皮革打湿。如果水分过多的话，皮革会变软，很容易入刀，线条会变粗。如果空气湿度不同，即使是相同的打湿方法，雕刻效果也不相同。

1

先雕刻边框的直线部分。在图案的正上方入刀，然后放上尺子，向自己的方向拉动刻刀。雕刻时，刻刀要垂直立于皮革之上并保持一定的角度。

2

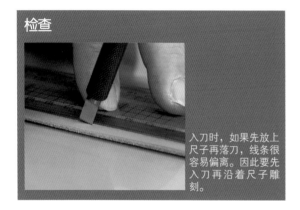

检查

入刀时，如果先放上尺子再落刀，线条很容易偏离。因此要先入刀再沿着尺子雕刻。

3 雕刻边框的曲线部分。用食指压住托肩，一边保持一定的角度，一边通过转动拇指和中指来移动刀刃。

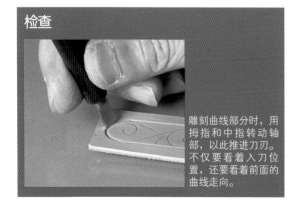

检查

雕刻曲线部分时，用拇指和中指转动轴部，以此推进刀刃。不仅要看着入刀位置，还要看着前面的曲线走向。

4 雕刻边框里面的唐草图案。像是在描字帖一样，凭着指尖的感觉，旋转着刻刀雕刻出线条。

这个图案是以中心的圆形为基础按照一定规则对称着排列的。从一端开始，雕刻到中心之后，转动皮革，再从另一端向中心雕刻。雕刻其他图案时也是如此，不要沿着一个方向雕刻到最后。特别是左右对称的图案，雕刻到中心后，翻转皮革继续雕刻会非常方便。

5

6 这是雕刻完边框和主要线条之后的状态。描图纸上的线条只是参考，雕刻的时候即便稍微偏离也没有关系。自然地推动刀刃，雕刻出生动的线条才是重要的。在操作过程中，不要中途停顿，注意力度的轻重，一气呵成。

雕刻图案的自由曲线。把旋转刻刀倾斜45°，小幅度转动刀尖雕刻。在推进过程中，使用中指抵住轴部，用拇指轻轻转动，这样可以雕刻出优美的自由曲线。

7

169

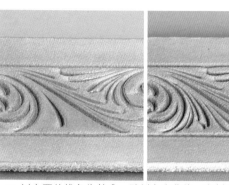

8 一旦习惯了自由曲线的雕刻，可以按照自己的感觉雕刻下去。但是，刚开始的时候，最好把参照图放在手边，一边确认图案一边操作。

9 以主要的线条为基准，雕刻自由曲线。左侧是雕刻前的图案，右侧是雕刻后的图案。入刀后，转动轴部，逐渐减轻力度雕刻出渐淡的收尾。

10 为了让自由曲线和主要线条相呼应，朝向一定的方向雕刻更加纤细的线条。

11 雕刻到中心的圆形之后，把皮革转过来，从另一端开始雕刻。另一侧的皮革可能会出现变干的情况，要把皮革打湿到和先前相同的状态再操作。

12 自由曲线完成之后，整体检查一下，看是否有遗漏。如果有遗漏的线条，要加上。

检查

雕刻曲线时斜着入刀，由于使用的是刀尖，所以刀刃嵌得比较深。一边用中指按压，一边用拇指决定前进的方向。渐渐抬起刀刃，减轻雕刻力度，线条逐渐变细。收尾的时候，采用渐淡式收尾法。

旋转刻刀的保养

作为皮革雕花不可或缺的工具，旋转刻刀和通常的刻刀完全不同，具有独特的结构。首先要了解旋转刻刀的构造，知道什么是刀刃的最佳状态。旋转刻刀的刀刃是双面刃，刀刃的状态不同，使用体验也会产生很大差异，所以一旦刀刃钝了，就要按照这里介绍的方法进行维护。另外，旋转刻刀有专业人士使用和大众使用之分，种类众多，它们之间的差异在于托肩的调整方法和旋转轴的构造。对于初学者来讲，建议大家使用"入门级旋转刻刀"。

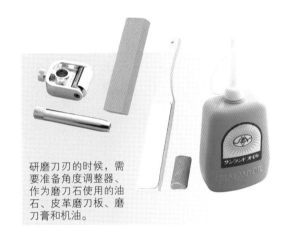

研磨刀刃的时候，需要准备角度调整器、作为磨刀石使用的油石、皮革磨刀板、磨刀膏和机油。

■ 刀刃的研磨方法

下面开始介绍刀刃的研磨方法。

为了防止油石的孔被堵塞，保持顺滑，要充分使其吸收油脂。左侧的右图中，上面是充分吸收了油脂的油石，下面则是没有吸收油脂的油石。通过颜色可以区分出来。

1

检查

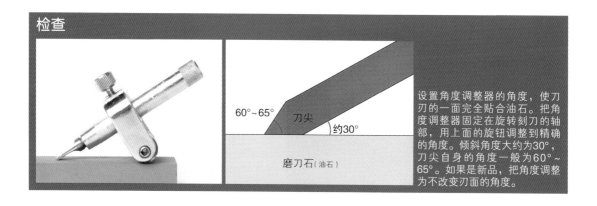

60°~65° 刀尖 约30°

磨刀石〔油石〕

设置角度调整器的角度，使刀刃的一面完全贴合油石。把角度调整器固定在旋转刻刀的轴部，用上面的旋钮调整到精确的角度。倾斜角度大约为30°，刀尖自身的角度一般为60°~65°。如果是新品，把角度调整为不改变刃面的角度。

2 把旋转刻刀的刀刃在角度调整器上设置好，一边旋转着旋钮，一边调整刀刃的斜面，使其与油石的面完全贴合。

3 设定好角度之后，双手拿着角度调整器和旋转刻刀，向前推着研磨刀刃。往回拉的时候减力。

检查

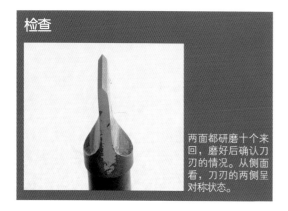

两面都研磨十个来回，磨好后确认刀刃的情况。从侧面看，刀刃的两侧呈对称状态。

4 把刀刃放在皮革磨刀板上研磨。将刀刃以固定的角度斜着贴在磨刀板上。这一次是拉回来的时候加力，向前推的时候减力。

检查

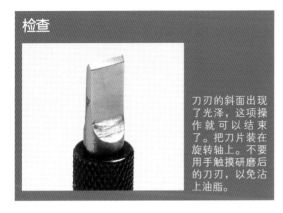

刀刃的斜面出现了光泽，这项操作就可以结束了。把刀片装在旋转轴上。不要用手触摸研磨后的刀刃，以免沾上油脂。

■ 长度的调节

托肩可以根据手的大小进行调节。

实际使用的时候，拿起旋转刻刀，把高度调整到方便食指的第一关节压住托肩的高度。图中是通过螺丝固定的类型。

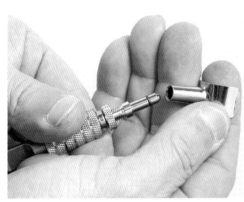

托肩可以用力拔出，如果滴一些机油在旋转轴上的话，旋转时更为顺畅。

这是面向专业人士的旋转刻刀，可以使用六角扳手调节螺丝，以调节旋转轴的高度。调节到食指的第一关节刚好碰到托肩的高度，拧紧螺丝。

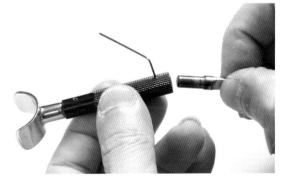

同样使用六角扳手来拧松螺丝，以卸下刀片。面向初学者的旋转刻刀也是如此。

工具套装

在准备动手制作皮具时，到底要备齐哪些工具呢，想必大家一定会犹豫不决吧。日本Craft社为大家提供了必要的入门工具和各种液态试剂。

皮革工具套装
印花工具、木槌、橡胶板、毛毡垫、皮线针、描图笔、染料、胶水等手工皮革所必需的入门工具，一应俱全。

简约工具套装
有木槌、菱錾、橡胶板、手缝蜡线、手缝针、胶水等，是最基本的皮革工具套装。

手缝皮革套装
这是经典的手缝套装，有菱錾、木槌、削边器、挖槽器、美工刀、手缝针、手缝蜡等。

入门手缝套装
有挖槽器、间距轮、菱锥、手缝线、手缝蜡、螺丝刀等，是最简单的套装。有了这些，就可以进行最基本的手缝。适合入门级别的人使用。

打印花

把专用的印花工具组合起来，在皮革上打出印花。打印花的基础图案是竹篮印花。在这里，我们以竹篮印花为例，讲解打印花的基本知识。除了竹篮印花之外，还有各种各样其他图案的印花工具。可以通过组合各种印花，完成自己独创的图案。打印花扩展了手工皮革的领域，是一种装饰性技法。

打印花的基础

打印花是和前面介绍的皮革雕花齐名的皮雕艺术的代表性装饰技法。在皮雕工艺里，它和雕花技术组合使用，使皮革表面呈现出立体感，看起来更加华丽。它使用的是带有图案的敲打工具，也称印花工具。根据工具前端的图案区分使用，来描绘不同图案。印花工具有多种多样的图案，大约有400种。所谓打印花，就是通过把这些印花工具组合在一起，来表现出丰富的图案。但是，刚开始挑战打印花的时候，看着众多的工具，肯定会存在不知如何选择的困扰吧。

在这里，作为基础的印花，首先给大家推荐竹篮印花。竹篮印花，是最经典的印花图案，通过连续并且正确的敲打，可以表现出编织图案。敲打时的力度及倾斜度不同，它在皮革上的表现也有所差异。因此，敲打时首先要把握力度的轻重以及用力方向。

竹篮印花的敲打方法

这里要使用三种印花工具。因为是使用木槌敲打，所以要在相对平坦的工作台上操作，这里使用的是毛毡垫和大理石。另外，在打印花的过程中，皮革会出现延展现象。为了防止延展，事先要贴好防延展贴。在这里，通过以相同的力度重复且正确地敲打，来培养对打印花技术的感觉。

这里使用的印花工具有竹篮印花、通用印花和修饰印花。其他还用到木槌（或者皮锤）、旋转刻刀、圆锥、防延展贴、塑料板、大理石和毛毡垫。

■ 贴防延展贴，把皮革整体打湿

下面介绍在卡包正面添加印花的方法。

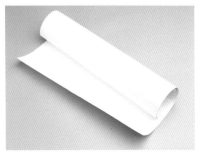

防延展贴是以A4规格销售的，可以根据皮革的大小裁切出合适的尺寸。

1

把皮革的正面和背面适当地用水打湿，贴好防延展贴。贴好之后，把外层的贴纸揭掉。注意不要出现褶皱和气泡。

2

贴好防延展贴之后，根据皮革的大小，把多余的部分裁切掉。这样做，是因为多余的防延展贴中的胶水会影响后续操作。

3

使用柔软海绵把需要打印花的地方打湿。因为贴有防延展贴，所以水分不会过多地流失，在操作过程中，可以延缓干燥时间。皮革打湿的程度以雕花时偏湿而打印花时偏干为宜，请根据所进行的操作适当调节。

4

■ 画上边框和基准线

在皮革的四周画上边框，在折叠部位画上敲打基准线。

使用间距规在四周画上边框。

1

让旋转刻刀垂直立于线的正上方，放上尺子，刻画出边框。注意角部不要让线条交叉，应在交叉之前停下。

2

POINT

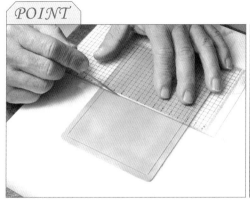

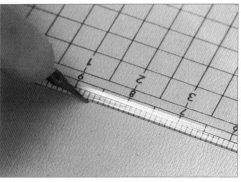

使用铁笔在卡套的折叠部位画出基准线。线条在操作过程中能够辨认即可。以极轻的力度画线，不要留下明显的痕迹。

3

■ 在边框处敲打通用印花

通过均匀地敲打通用印花，可以使图案浮现出立体感。

1 把印花工具放在角落处，使用木槌（或者皮锤）敲打。在这里使用的通用印花，是能够清晰地表现阴影的网格类型印花。当然也有没有任何图案的阴影印花。

2 把印花工具稍微向自己倾斜，可以清晰地敲打上印花。

 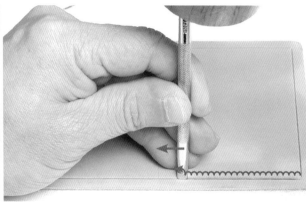

3 用拇指和食指固定倾斜度，用中指压着挪动。使用木槌以均等的力度敲打。不要一次性大幅度地移动印花工具，而应一点一点地重叠着上一次的印花图案。这样的话，印花图案就不会出现不连续的情况。

4 敲打到端头为止。因为可以重叠着敲打，所以可以从角部继续敲打。

5 这是沿着边框内侧敲打完通用印花的状态。因为是以均等的力度敲打的，所以没有出现不连续的情况。

■ 从基准线开始敲打竹篮印花

为了把皮革的扭曲降到最低限度，从折叠部位的基准线开始敲打。

如果皮革的湿度不够的话，再次打湿皮革。在基准线上放上印花工具，不要一上来就敲打，要把印花工具轻轻地放在基准线上，先确认第一列印花图案的位置。

1

以右图为准，确认基准线穿过的位置之后，敲打出第一个印花图案。要从下往上敲打。

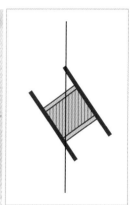

2

以右图为参考，尽可能地调整好重叠部分敲打出第二个印花图案。注意，敲打的力度一定要均匀。不要一次把印花敲打成形，分2~3次有节奏地敲打。

3

重叠着一部分继续敲打。注意敲打的时候力度要均匀，中途不要停止，在某种程度上一气呵成。

4

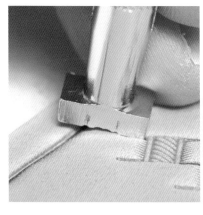

到了边框附近之后，注意不要超过边框，把印花工具略微倾斜着敲打，只敲打部分图案，敲打出渐淡的效果。

5

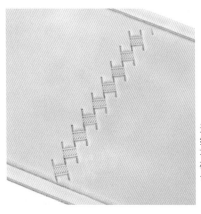

这是敲打完基准线上的第一列印花图案的状态。确认力度是否均匀。

6

敲打第二列。和第一列印花图案重叠一部分，力度均匀地敲打。

7

POINT

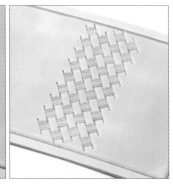

敲打完第二列之后，把皮革翻转180°，从另一侧开始敲打第三列，从下向上推进。敲打完之后，再把皮革翻转180°，从另一侧开始敲打第四列。像这样，以基准线为轴对称着敲打下去。这样可以最大程度减轻皮革的变形。

8

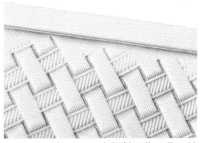

每敲打完一列，就把皮革翻转180°。全部敲打完之后，确认边框附近是否有遗漏。

9

10 在边框处，适当倾斜印花工具，敲打出渐淡的效果。

■ 在边框上敲打修饰印花

在边框上敲打修饰印花，使边框呈现模糊的效果。

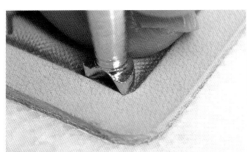

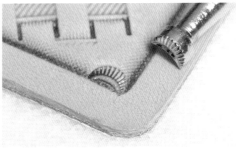

在边框内侧，从角部开始敲打修饰印花。修饰印花会给边框带来模糊的效果。

1

在近似直角的地方，重叠着敲打上两个修饰印花。如果是钝角的话，不要这样重叠着敲打，要跨过钝角敲打一个印花。

2

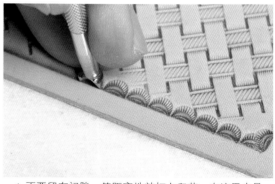

3 四个角分别敲打两个印花。

4 不要留有间隙，等距离地敲打上印花。在这里也是，脑海中一定要有力度均匀的意识。

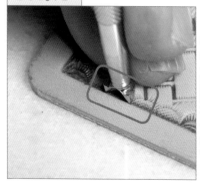

在距离角落5cm处停下来。为了尽可能均匀地敲打完整的印花图案，确认距离并添加上印记。尽可能地减少和前面敲打的印花图案的重叠，进行微调整。

5

6 以确认距离时添加的印记为基准，在剩下的部分敲打上修饰印花。

7 敲打完一边之后，敲打下一边。操作方法和步骤4~6一样。在渐淡的地方和边框重叠，可以起到模糊边框的效果。

8 这是在边框内侧敲打完修饰印花的效果。揭掉防延展贴，让皮革自然干燥。

皮革的染色方法

虽然可以使用原色皮革，但把皮革染色也是很有意思的。在这里介绍使用液体染料的染色方法和使用糊状的油性染料的染色方法。它们和皮革雕花、打印花组合起来，能够让图案更显立体感，作品的表现力也大幅增加。掌握了基础技法之后，希望大家区分使用这些染色技法。

染料的使用方法

在这里介绍使用盐基性染料和油性染料进行染色的方法。通过染色，皮革可以从自然的颜色变成各种风格。即便使用相同的皮革制作相同的作品，颜色不同，也可以表现出不同的感觉。另外，在使用皮雕工艺后，染色会使作品更显立体感，并增强阴影效果。

下面从使用毛刷染色的方法开始，到使用棉布团染色的方法，以及让皮雕图案更加鲜明的油性染料的染色方法，介绍了不同的染色方法。在作品制作过程中，染色可以在裁切皮革前后进行，也可以在手缝或粘贴之前进行，可根据自己的喜好决定。除了在这里介绍的染色方法以外，还有各种各样的收尾润饰方法，希望大家找到适合自己的方法。

液体染料

液体皮革染料有盐基性染料和酒精性染料，其特征分别是，盐基性染料颜色鲜艳，色彩表现力好，酒精性染料不易褪色。在这里针对盐基性的CRAFT液体染料进行介绍。因为染料一旦沾上，很难清理掉，所以染色时最好垫上旧报纸，戴上橡胶手套。下面介绍使用毛刷染色和使用棉布团染色的方法。

这里有两种颜色的CRAFT液体染料。收尾时也可以使用皮革保护剂。CRAFT油性染料也是常用的染料，其他还要准备毛刷、海绵、碗、旧报纸、一次性橡胶手套。

■ 使用毛刷染色的方法

用5~10倍的水来稀释染料，在皮革的边角料上确认浓度之后，使用毛刷在作品的各部件上染色。

取适量染料在碗里，让海绵充分吸收水分，然后把水挤出来，用5~10倍的水来稀释染料。加水要一点一点添加。染色面积较大的话，最好事先多准备一些使用的染料。

1

2 一上来直接涂抹染料的话，染料会立刻渗入干燥的皮革，从而出现斑纹，需要注意。

如果立着使用毛刷的话，很容易损伤毛刷的前端，所以让毛刷充分吸收染料之后，把毛刷放平使用。

为了防止出现斑纹，需要把皮革打湿之后再染色。把皮革表面打湿到水滴不能立刻渗入的地步。在旧报纸上操作的话，打湿到皮革下面的旧报纸变得湿润为佳。使用皮革的边角料确认染料的浓度。

3

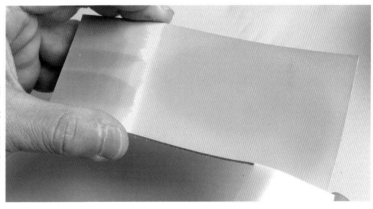

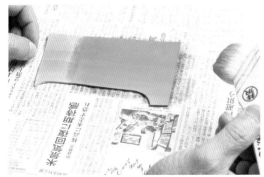

4 这是把表面用水打湿后用毛刷染色的状态。富含水分的部分，染料渗透得很慢。因为水分会把毛刷的痕迹晕染掉，所以不容易出现斑纹。

富含水分的皮革在干燥过程中会出现缩水现象，如果使用吹风机等工具使皮革快速干燥的话，皮革会变硬。自然干燥，并且把皮革的正面朝下放置，可以有效地减轻皮革干燥后的收缩和硬化。

5

6 下面正式给作品部件染色。把皮革放置在旧报纸上。

7 和边角料的染色方法相同，让海绵充分吸水，把皮革打湿到表面不再吸水的程度。

使用充分吸收了染料的毛刷涂抹。在涂抹的时候，横向、纵向、斜向交叉涂抹，尽可能地减少斑纹。另外，在干燥之前，需要注意的是，由于含有水分，这时的颜色看起来比起实际的颜色略微偏浓。

8

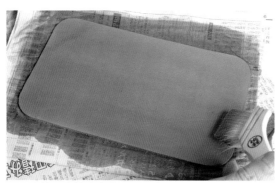

9 染料的液体附在表面不再渗透时，可以换干燥的报纸。

染成自己喜欢的颜色之后，让其自然干燥。就像刚才使用的边角料那样，背面朝上放置，或者使用报纸把皮革夹起来，使之自然干燥。这样水分会慢慢地蒸发，可以减轻皮革的收缩程度。

10

检查

如果时间较紧，实在没办法的时候，可以使用吹风机吹干。这种情况，最少保持20cm的距离从皮革的背面吹风，使皮革整体受风，并适当翻转皮革。不要使用暖风，要使用冷风。像左侧的右图这样近距离对着皮革吹暖风的做法是不正确的。因为高温会使皮革变焦，或者干燥后由于皮革激烈收缩而导致变形。

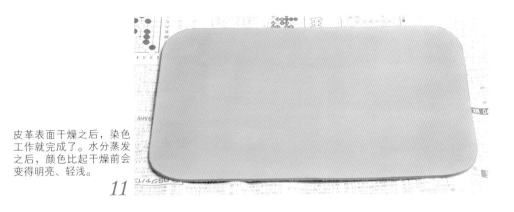

皮革表面干燥之后，染色工作就完成了。水分蒸发之后，颜色比起干燥前会变得明亮、轻浅。

11

■ 使用棉布团染色的方法

把棉布揉成圆团让其吸收染料，轻轻擦拭着染色。擦拭染色的话，染料基本上是原液。

1 制作棉布团。准备两块手掌大小的布。把一个揉成团，使用另一块包住。把用来包裹的棉布收紧，并使用橡皮筋系好。

2 用棉布团蘸上染料，在旧报纸上擦几下，把多余的染料去掉。在这里使用的是底色染料。把多余的染料蹭掉，让棉布团微微地着上一层颜色。

把棉布团贴在皮革边缘处，确认颜色。图中使用的是毛刷染色时用的皮革边角料。另外，事先确认染色的情况，可以避免在真正操作时的失误。

3

4 在作品用的皮革上染色。轻轻地移动棉布团，慢慢地进行染色，尽可能地让皮革四周染上均匀的颜色。皮革的边缘要多染几次，表现出从边缘向内部的渐变感。染色完成之后，待其自然干燥。

检查

用皮雕工艺处理的皮革，使用棉布团擦拭染色的话，凸起的部分很容易着色，凹陷的地方则保留了皮革的原色，可以做出和油性染料相反的染色效果。

5 染料干燥之后，涂抹上皮革保护剂。在小碟中倒上少量的皮革保护剂。

6 使用棉布吸收保护剂，像画圆圈那样均匀地涂抹。

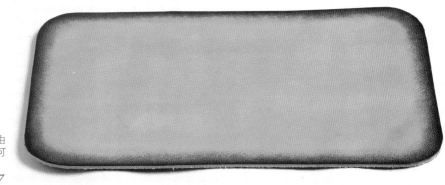

这是干燥之后的状态。由于使用了皮革保护剂，可以收敛皮革的光泽。

7

油性染料

在完成雕花和打印花的时候，经常要使用油性染料，因为它可以更加强调出阴影和立体感，清晰地凸显出图案花样。收尾时，使用不同的染料可以使图案拥有各种各样的风格。下面介绍按照皮革保护剂→油性染料→皮革保护剂的顺序染色的方法，以使用了竹篮印花的皮革为例进行解说。在这里，要掌握不出现斑纹的染色方法。

CRAFT油性染料是一种糊状的染料，使用的时候，事先准备旧牙刷。另外，皮革保护剂要用棉布涂抹，事先准备一块棉布。在去除多余的油性染料的时候，也要用到布或者纸巾。

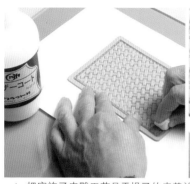  

1 把实施了皮雕工艺且干燥了的皮革放在纸等弄脏也没关系的东西上面。用棉布蘸上适量的皮革保护剂，整体均匀地涂抹上。

2 把凹凸不平的部分充分地渗透，整体涂抹。

POINT

3 整体均匀地涂抹上保护剂，包括有高低差的部分，然后使之彻底干燥。

4 涂上油性染料。用牙刷蘸上染料，均匀地涂抹在图案上，包括图案的每一个角落。

使用牙刷，一次大概涂抹5cm左右。如果一次涂抹面积太大的话，很容易产生斑纹。

5

6 趁着染料没有干燥时，使用布或者纸巾擦拭。突出部分的染料被擦掉，凹陷部分的染料被留下。

7 重复步骤5、6，整体均匀地涂抹，擦掉多余的染料。在染料干燥之前，快速地操作。

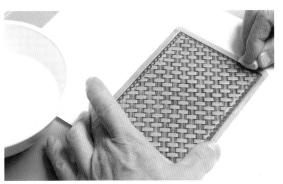

8 擦不掉的染料，可以蘸着水擦掉。

9 为了突出阴影的部分，使用含有水分的布轻轻地擦拭整体，把多余的染料全部去除。

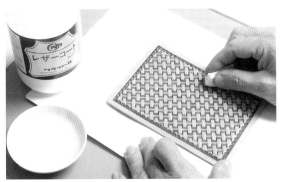

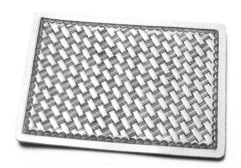

10 油性染料完全干燥之后，用布蘸着皮革保护剂整体涂抹，使染料固定。

11 以上就是油性染料的染色方法。凹陷的部分留有染料，和凸起的部分形成阴影，立体感更加明显。

LEATHER CRAFT GIHOU JITEN CRAFT GAKUEN TORANOMAKI

© STUDIO TAC CREATIVE CO., LTD 2013

Superviser © CRAFT&CO., LTD 2013

Photographer © Hideyo Komine, Yuji Futami, Takashi Sakamoto 2013

Originally published in Japan in 2013 by STUDIO TAC CREATIVE CO., LTD

Chinese (Simplified Character only) translation rights arranged through

TOHAN CORPORATION, TOKYO.

备案号：豫著许可备字–2016–A–0029

图书在版编目（CIP）数据

手缝皮革技法圣经 / 日本高桥创新出版工房编著；李连江译. —郑州：
河南科学技术出版社, 2019.1

ISBN 978–7–5349–9384–8

Ⅰ.①手… Ⅱ.①日… ②李… Ⅲ.①皮革制品－生产工艺 Ⅳ.①TS56

中国版本图书馆CIP数据核字（2018）第243018号

出版发行：河南科学技术出版社

地址：郑州市经五路66号　　邮编：450002

电话：（0371）65737028　　65788613

网址：www.hnstp.cn

策划编辑：刘　欣

责任编辑：余水秀

责任校对：金兰苹

封面设计：张　伟

责任印制：张艳芳

印　　刷：北京盛通印刷股份有限公司

经　　销：全国新华书店

开　　本：787 mm×1 092 mm　1/16　　印张：12　　字数：290千字

版　　次：2019年1月第1版　　2019年1月第1次印刷

定　　价：69.00元